中国编辑学会组编

中宣部主题出版
重点出版物

U0183382

农为邦本

本卷主编　张福锁

中国农业出版社

北　京

《中国科技之路》出版工作委员会

农业卷编委会

做好科学普及，是科学家的责任和使命

中国科技事业在党的领导下，走出了一条中国特色科技创新之路。从革命时期高度重视知识分子工作，到新中国成立后吹响"向科学进军"的号角，到改革开放提出"科学技术是第一生产力"的论断；从进入新世纪深入实施知识创新工程、科教兴国战略、人才强国战略，不断完善国家创新体系、建设创新型国家，到党的十八大后提出创新是第一动力、全面实施创新驱动发展战略、建设世界科技强国，科技事业在党和人民事业中始终具有十分重要的战略地位、发挥了十分重要的战略作用。党的十九大以来，党中央全面分析国际科技创新竞争态势，深入研判国内外发展形势，针对我国科技事业面临的突出问题和挑战，坚持把科技创新摆在国家发展全局的核心位置，全面谋划科技创新工作。通过全社会共同努力，重大创新成果竞相涌现，一些前沿领域开始进入并跑、领跑阶段，科技实力正在从量的积累迈向质的飞跃，从点的突破迈向系统能力提升。

科技兴则民族兴，科技强则国家强。2016年5月30日，习近平总书记在"科技三会"上指出："科技创新、科学普及是实现创新发展的两翼，要把科学普及放在与科技创新同等重要的位置"，希望广大科技工作者以提高全民科学素质为己任，"在全社会推动形成讲科学、爱科学、学科学、用科学的良好氛围，使蕴藏在亿万人民中间的创新智慧充分释放、创新力量充分涌流"。站在"两个一百年"奋斗目标历史交汇点上，我国正处于加快实现科技自立自强、建设世界科技强国的伟大征程中。在新的发展阶段，做好科学普及、提升公民科学素质、厚植科学文化，既是建设世界科技强国的迫切需要，也是中国科学家义不容辞的社会责任和历史使命。

为此，中国编辑学会组织15家中央级科技出版单位共同策划，邀请各领域院士和专家联合创作了《中国科技之路》科普图书。这套书以习近平新时代中国特色社会主义思想为指导，以反映新中国科技发展成就为重点，以文、图、音频、视频相结合的直观呈现形式为载体，旨在激励全国人民为努力实现中华民族伟大复兴的中国梦而奋斗。《中国科技之路》于2020年列入中宣部主题出版重点出版物选题，分为总览卷、信息卷、交通卷、建筑卷、卫生卷、中医药卷、核工业卷、航天卷、航空卷、石油卷、海洋卷、水利卷、电力卷、农业卷、林草卷共15卷，相关领域的两院院士担任主编，内容兼具权威性和普及性。《中国科技之路》力图展示中国科技发展道路所蕴含的文化自信和创新自信，激励我国科技工作者和广大读者继承与发扬老一辈科学家胸怀祖国、服务人民的优秀品质，不负伟大时代，矢志自立自强，努力在建设科技强国实现复兴伟业的征程中作出更大贡献。

侯建国

中国科学院院士

《中国科技之路》编委会主任

2021年6月

科技开辟崛起之路　　出版见证历史辉煌

2021年是中国共产党百年华诞。百年征程波澜壮阔，回首一路走来，惊涛骇浪中创造出伟大成就；百年未有之大变局，我们正处其中，踏上漫漫征途，书写世界奇迹。如今，站在"两个一百年"的历史交汇点上，"十三五"成就厚重，"十四五"开局起步，全面建设社会主义现代化国家新征程已经启航。面向建设科技强国的伟大目标，科技出版人将与科技工作者一起奋斗前行，我们感到无比荣幸。

2021年3月，习近平总书记在《求是》杂志上发表文章《努力成为世界主要科学中心和创新高地》，他指出："科学技术从来没有像今天这样深刻影响着国家前途命运，从来没有像今天这样深刻影响着人民生活福祉""中国要强盛、要复兴，就一定要大力发展科学技术，努力成为世界主要科学中心和创新高地。我们比历史上任何时期都更接近中华民族伟大复兴的目标，我们比历史上任何时期都更需要建设世界科技强国！"在这样的历史背景下，科学文化、创新文化及其所形成的科普、科学氛围，对于提升国民的现代化素质，对于实施创新驱动发展战略，不仅十分重要，而且迫切需要。

中国编辑学会是精神食粮的生产者，先进文化的传播者，民族素质的培育者，社会文明的建设者。普及科学文化，努力形成创新氛围，让科学理论之弘扬与科学事业之发展同步，让科学文化和科学精神成为主流文化的核心内涵，推出高品位、高质量、可读性强、启发性深的科技出版物，这是一条举足轻重的发展路径，也是我们肩负的光荣使命，更是国际竞争对我们的强烈呼唤。秉持这样的初心，中国编辑学会在2019年7月召开项目论证会，确定以贯彻落实党和国家实施创新驱动发展战略、建设科技强国的重大决策为切入点，编辑出版一套为国家战略所必需、为国民所期待的精品力作，展现我国科技实力，营造浓厚科学文化氛围。随后，中国编辑学会组织了半年多的调研论证，经过数番讨论，几易方案，终于在2020年年初决定由中国编辑学会主持策划，由学会科技读物编辑专业委员会具体实施，组织人民邮电出版社、科学出版社、中国水利水电出版社等15家出版社共同打造《中国科技之路》，以此向中国共产党成立100周年献礼。2020年6月，《中国科技之路》入选中宣部2020年主题出版重点出版物。

《中国科技之路》以在中国共产党领导下，我国科技事业壮丽辉煌的发展历程、主要成就、关键节点和历史意义为主题，全面展示我国取得的重大科技成果，系统总结我国科技发展的历史经验，普及科技知识，传递科学精神，为未来的发展路径提供重要启示。《中国科技之路》服务党和国家工作大局，站在民族复兴的高度，选择与国计民生息息相关的方向，呈现我国各行业有代表性的高精尖科研成果，共计15卷，包括总览卷、信息卷、交通卷、建筑卷、卫生卷、中医药卷、核工业卷、航天卷、航空卷、石油卷、海洋卷、水利卷、电力卷、农业卷和林草卷。

今天中国的科技腾飞、国泰民安举世瞩目，那是从烈火中锻来、向薄冰上履过，其背后蕴藏的自力更生、不懈创新的故事更值得点赞。特别是在当今世界，实施创新驱动发展战略决定着中华民族前途命运，全党全社会都在不断加深认识科技创新的巨大作用，把创新驱动发展作为面向未来的一项重大战略。基于这样的认识，《中国科技之路》充分梳理挖掘历史资料，在内容结构上既反映科技领域的发展概况，又聚焦有重大影响力的技术亮点，既展示重大成果、科技之美，又讲述背后的奋斗故事、历史经验。从某种意义上来说，《中国科技之路》是一部奋斗故事集，它由诸多勇攀高峰的科研人员主笔书写，浸透着科技的力量，饱含着爱国的热情，其贯穿的科学精神将长存在历史的长河中。这就是"中国力量"的魂魄和标志！

《中国科技之路》的出版单位都是中央级科技类出版社，阵容强大；各卷均由中国科学院院士或者中国工程院院士担任主编，作者权威。我们专门邀请了著名科技出版专家、中国出版协会原副主席周谊同志以及相关领导和专家作为策划，进行总体设计，并实施全程指导。我们还成立了《中国科技之路》编委会和出版工作委员会，组织召开了20多次线上、线下的讨论会、论证会、审稿会。诸位专家、学者，以及15家出版社的总编辑（或社长）和他们带领的骨干编辑们，以极大的热情投入到图书的创作和出版工作中来。另外，《中国科技之路》的制作融文、图、音频、视频、动画等于一体，我们期望以现代技术手段，用创新的表现手法，最大限度地提升读者的阅读体验，并将之转化成深邃磅礴的科技力量。

2016年5月，习近平总书记在哲学社会科学工作座谈会上发表讲话指出，自古以来，我国知识分子就有"为天地立心，为生民立命，为往圣继绝学，为万世开太平"的志向和传统。为世界确立文化价值，为人民提供幸福保障，传承文明创造的成果，开辟永久和平的社会愿景，这也是历史赋予我们出版工作者的光荣使命。科技出版是科学技术的同行者，也是其重要的组成部分。我们以初心发力，满含出版情怀，聚合15家出版社的力量，组建科技出版国家队，把科学家、技术专家凝聚在一起，真诚而深入地合作，精心打造了《中国科技之路》，旨在服务党和国家的创新发展战略，传播中国特色社会主义道路的有益经验，激发全党、全国人民科研创新热情，为实现中华民族伟大复兴的中国梦提供坚强有力的科技文化支撑。让我们以更基础更广泛更深厚的文化自信，在中国特色社会主义文化发展道路上阔步前进！

中国编辑学会会长

《中国科技之路》编委会主任

2021年6月

本卷前言

我国是农业大国,重农固本是安民之基、治国之要。中国共产党成立100年来,始终把解决好"三农"问题作为重中之重,摆在全局工作的突出位置。

习近平总书记强调,农业农村现代化是实施乡村振兴战略的总目标,农业现代化关键在科技进步和创新。站在两个"一百年"历史交汇点,农业科学技术不仅可以有效化解外部冲击给我国农业带来的不利影响,还能充分发挥我国超大规模市场优势,构建以国内大循环为主体、国内国际双循环相互促进的农业发展新格局。农业科学技术将再次发挥重要作用。

《农为邦本》作为2020年中宣部主题出版重点出版物——《中国科技之路》(15卷)中的重要组成部分,展示了百年来在中国共产党的领导下我国农业科学技术取得的巨大成就,内容涉及种植业、养殖业、农业机械、智慧农业等方方面面。本书以中国共产党成立100年的发展历程为主线,反映了党领导和支持农业科学技术、组织广大农业科技工作者开展科技攻关和科技推广的感人故事。既有袁隆平院士废寝忘食选育"野败",培育杂交稻、超级稻的壮丽篇章,也有著名小麦专家赵洪璋院士、李振声院士为"中国人饭碗装中国粮"作出的卓越贡献，更有众多农业科技工作者和各级农业科技部门为我国农业由弱到强、走向国际而接续奋斗的精彩历程。

本书是在农业农村部办公厅、科技教育司等部门直接领导下，在中国编辑学会指导下完成的。作者团队由著名农学家张福锁院士担任主编，人民日报高级记者蒋建科担任执行主编，20多位长期从事农业科技宣传报道工作的中央媒体资深记者，以及农业科研、教学单位的专职宣传干部参与创作。大家倾注热情、用心创作、精心打磨，克服新冠肺炎疫情的影响，在搞好本职工作的前提下，经常熬夜奋战。有的作者为了核实一个数据，去各大图书馆翻阅各种典籍；有的为了一张老照片，辗转多次去纪念馆影印史料；有的作者甚至带病坚持采写，一度牺牲小我，舍弃小家。为保证图书质量，做到精益求精，本书完稿后还委托多位院士和数十位业内权威专家反复审阅、修正，多个章节修改不下20遍。

限于字数和篇幅，全书选取了能代表中国农业科技最高水平，且具有故事性、科普性的重大成果，以中国共产党成立100年发展历程为时间轴，采用融合出版形式，系统反映这些成果的诞生过程和应用情况，力求做到主题突出、史料翔实，语言科学生动、通俗易懂，图片和视频资源丰富，融科学性、知识性、故事性、可读性于一体。

本书第一篇《从"饥寒交迫"到"全面小康"——记中国农业科技百年巨变》由蒋建科、牛宏泰执笔；第二篇《科技兴农，粮安天下》中的《享誉世界的中国水稻科研"天团"》一文由董峻执笔，《一"麦"相承济苍生》由张琳、王琦琪执笔，《黄淮海平原夺高产》由李晨、于哲执笔，《让肉蛋奶更充足》由王琦琪、刘聪执笔，《从"轻渔禁海"到"蓝色粮仓"》由冯华、郭梓豫执笔，《长年鲜菜的"秘密武器"》由刘诗瑶执笔，《一年四季吃柑橘》由刘涛执笔，《中国苹果走向世界》由张琳执笔，《自主创新抗虫棉》由李丽颖执笔，《呵护好农业"火种"》由鲁玉清、陈丽娟执笔，《"肥"安天下保丰收》由张琴、何志勇、孙立新执笔，《"智斗"条锈病》由靳军执笔，《为养殖业撑起保护伞》由邬震坤执笔，《器利农桑》由胡志超、张萌、江帆执笔，《智慧农业化解"谁来种地"的难题》由李晨执笔；第三篇《农业科技未来发展趋势》由蒋建科、马晓敏、鲁玉清、孙巍、王琳、王萌执笔。在编创过程中，很多单位和专家本着崇高的使命感和责任心，为将本书打造成精品而倾心付出。

在本书出版过程中，农业农村部办公厅张海涛处长、张国庆处长，科技教育司窦鹏辉处长、崔江浩处长，种业管理司二级巡视员马志强，以及邓秀新院士、李天来院士、沈建忠院士、李立会研究员、何忠虎研究员、马锋旺研究员、姜远茂教授、谯士彦教授、李胜利教授、霍学喜教授等有关专家对书稿进行认真审定并提出修改意见；《人民日报》、新华社、《农民日报》、《中国科学报》、《中华合作时报》、《农村工作通讯》等中央媒体，以及中国农业科学院、中国农业大学、西北农林科技大学、华中农业大学、南京农业大学等农业科研教学单位均给予大力支持和帮助；南京农业大学党委宣传部许天颖老师、沈阳农业大学党委宣传部张宜军老师、杨凌农业高新技术产业示范区党工委宣传部张小明老师、瑞金市委宣传部杨友明老师等帮助搜集了很多十分珍贵的历史照片和视频资料；中国农业出版社胡乐鸣、苑荣、颜景辰、张丽四、贾彬、刘晓婧等同志为本书的策划、组织协调、审稿及编辑出版付出了大量心血。对这些单位和领导专家的帮助，在此一并表示衷心的感谢！

由于时间仓促，且书中内容跨度较大，难免存在不足之处，敬请广大读者批评指正，以臻完善。

本书编者

2021年5月10日

目 录

做好科学普及，是科学家的责任和使命／侯建国   i

科技开辟崛起之路　出版见证历史辉煌／郝振省   iii

本卷前言／本书编者   vii

第一篇

从"饥寒交迫"到"全面小康"

——记中国农业科技百年巨变

一、开展农业研究保障苏区   2

二、发展农业科技服务抗战   5

三、农业科技助推农业升级   10

四、中国农业科技走向世界   16

第二篇

科技兴农，粮安天下

一、享誉世界的中国水稻科研"天团"   26

（一）中国农业最耀眼的星 26

（二）引领世界杂交稻 32

（三）保障粮食安全 37

二、一"麦"相承济苍生 40

（一）一个小麦品种挽救了大半个新中国 41

（二）太谷核不育和矮败小麦 44

（三）偃麦草和小麦结亲 47

（四）推陈出新育良种 50

三、黄淮海平原夺高产 54

（一）"搞点"备战黄淮海 54

（二）粮食生产徘徊不前 57

（三）"治不好盐碱地，我们不走" 60

（四）黄淮海精神成就大奖 62

四、让肉蛋奶更充足 67

（一）生猪供应的"半壁江山" 67

（二）蛋鸡改良引领市场 71

（三）北京烤鸭创新研发 75

（四）确保牛奶更安全 79

五、从"轻渔禁海"到"蓝色粮仓" 85

（一）中国渔业"逆袭"之路 85

（二）保障水产品有效供给 87

（三）让渔业养殖更绿色 90

（四）大海洋生态系统研究领跑国际 93

（五）现代渔业高质量发展 95

六、长年鲜菜的"秘密武器"　　　　　　　　98

　　（一）温室大棚延长鲜菜供应期　　　98

　　（二）北方淡季产鲜菜　　　103

　　（三）破解南方夏秋吃菜难　　　106

　　（四）蔬菜生产的六大优势区　　　107

　　（五）绿色防控保安全　　　109

七、一年四季吃柑橘　　　　　　　　111

　　（一）培育良种，惠泽百姓　　　111

　　（二）科技接力，造福一方　　　116

　　（三）错峰生产，四季尝鲜　　　122

八、中国苹果走向世界　　　　　　　　127

　　（一）陕西苹果的科研之路　　　128

　　（二）苹果代代育好种　　　132

　　（三）中国苹果世界共享　　　135

九、自主创新抗虫棉　　　　　　　　138

　　（一）中国棉花的内忧外患　　　138

　　（二）建构自己的抗虫基因　　　140

　　（三）打造科研"联合舰队"　　　144

　　（四）国产抗虫棉扬眉吐气　　　149

　　（五）开启育种新时代　　　151

十、呵护好农业"火种"　　　　　　　　154

　　（一）抢救性保护"火种"　　　154

　　（二）为农业"火种"安家　　　156

　　（三）打造全国一盘棋　　　158

　　（四）建立行业指标体系　　　160

（五）星星之火成燎原之势 162
（六）守护"火种"奏响金色乐章 164

十一、"肥"安天下保丰收 168
（一）粮食的"口粮"亟待破解 168
（二）化肥"工业梦"撑起"中国粮" 169
（三）为现代农业插上"金翅膀" 172
（四）从源头为农业增"绿" 179
（五）把"绿色"奉献给世界 184

十二、"智斗"条锈病 185
（一）小麦条锈病来势汹汹 186
（二）一孔窑洞助力锈病追凶 188
（三）一叶小檗破解世界谜团 191
（四）薪火相传保障粮食安全 193

十三、为养殖业撑起保护伞 196
（一）彻底消灭牛瘟 196
（二）攻克养马业顽疾 199
（三）可防可控血吸虫病 201
（四）动物疫病防控的国之重器 203
（五）攻防对决禽流感病毒 204
（六）有效遏制口蹄疫 206

十四、器利农桑 209
（一）耕地靠农机 210
（二）插秧实现机械化 213
（三）自主研发收割机 216
（四）植保使用无人机 220

十五、智慧农业化解"谁来种地"的难题 225
（一）"数字土壤"全知道 226
（二）北斗导航农机精度高 228
（三）"智慧果园"知天而作 230
（四）牧场装上"智慧大脑" 232

第三篇

农业科技未来发展趋势

（一）改变育种"游戏规则" 236
（二）驱动农业生产智能化 238
（三）加速生产经营模式演变 240
（四）引领餐桌新风尚 242
（五）助力农业颠覆性变革 243
（六）催生新业态不断涌现 244

参考文献 246

第一篇
从"饥寒交迫"到"全面小康"
——记中国农业科技百年巨变

　　展开中国共产党成立100年来的壮丽画卷，不难看出，"三农"工作始终是全党工作的重中之重！农业科技始终是一条主线！100年来，中国共产党带领中国人民摆脱了饥饿和贫穷，用占世界不足10%的耕地养活了占世界近20%的人口，实现了从"饥寒交迫"到"全面小康"的巨变，取得了举世瞩目的伟大成就。

一、开展农业研究保障苏区

中国共产党的成立，给灾难深重的中国人民带来了光明和希望。毛泽东同志指出："中国产生了共产党，这是开天辟地的大事变。"习近平总书记在庆祝中国共产党成立95周年大会上指出："这一开天辟地的大事变，深刻改变了近代以后中华民族发展的方向和进程，深刻改变了中国人民和中华民族的前途和命运，深刻改变了世界发展的趋势和格局。"

秋收起义后井冈山农村革命根据地的创建，表明我党开始走中国特色的革命道路，即建立农村革命根据地，然后以农村包围城市，武装夺取政权，最后夺取全国胜利。实现了党的工作中心的第一次历史性转移。

当时的农村革命根据地大多是国民党统治薄弱地区，交通不便，生产力落后，要在这样的地区扎根，就不得不高度重视农业科技工作，以提高农业生产水平，满足根据地军民的基本需要，保障根据地的战斗力。

1928年12月，中国共产党领导下的第一部成文土地法——《井冈山土地法》颁布，它是中国共产党在土地革命初期制定的第一部较为成熟的土地法。它的颁布和实施，改变了几千年来地主剥削农民的封建生产关系，从法律上保障了农民对土地的合法权益。它不仅指导了当时的土地革命斗争，还为以后中国共产党领导进行的伟大土地革命斗争提供了宝贵的经验。

1931年11月成立了中华苏维埃共和国土地人民委员部，苏维埃临时中央政府赋予其三大职能：一是按照中华苏维埃共和国土地法令，负责苏维埃区域内土地的建设、分配、管理和使用；二是按照农业生产季节，指导农民调剂人工，增加肥料，解决耕牛困难，修理添置农具，选择种子，改良农作物栽培方法，防治病虫害及不失时机地收获农产品等；三是管理农业实验场，在县、区、乡设立苏维埃农业研究委员会，开展农业科学研究。其中第二、第三项都与农业科技有关，充分说明党对农业科技工作的高度重视。

图1-1　沙洲坝中华苏维埃共和国中央人民委员会旧址（华中农业大学　提供）

中国共产党高度重视农业科技创新。1933年5月19日至20日，中华苏维埃共和国临时中央政府为推动中央苏区农业生产，总结春耕运动经验，掀起夏耕运动高潮，在瑞金武阳区邹氏宗祠召开了春耕生产运动赠旗大会。中华苏维埃共和国临时中央政府主席毛泽东，中央土地部代部长胡海、秘书王观澜，以及于都、兴国、瑞金、长汀等地代表共计1300余人参加了此次大会。

图1-2 中华苏维埃共和国临时中央政府春耕生产运动赠旗大会会址（瑞金中央革命根据地纪念馆 提供）

图1-3 春耕生产运动的赠旗（瑞金中央革命根据地纪念馆 提供）

会上，毛泽东作了春耕生产运动总结及夏耕生产运动动员报告，并将"春耕模范"奖旗授予武阳区、石水乡群众代表；武阳区及瑞金县代表介绍了先进经验；大会散发了临时中央政府《为夏耕运动给各级苏维埃负责人的信》和《夏耕运动大纲》等文件；全体代表一致通过了武阳区代表关于夏耕、查田和改选苏维埃群众团体等突击运动的倡议。春耕生产运动赠旗大会是苏区农业发展的一次盛会，其规格之高、规模之大、影响之广，前所未有。会后，在中央苏区掀起了农业生产竞赛高潮，促进了苏区农业生产发展，推动了苏维埃经济建设。

1933年6月25日至7月1日，中华苏维埃共和国临时中央政府在瑞金叶坪召开瑞金、会昌、胜利、于都、博生、石城、宁化、长汀8县贫农团代表大会。毛泽东在会上作了查田运动的报告。

在中国共产党和苏维埃政府的领导下，苏区军民开创性地发展农业、工业、对外贸易和合作社经济，提出保护私人经济、"建立完全的厂长负责制"

等举措，努力打破国民党反动派严密的经济封锁。苏区一片生机勃勃的景象，与当时国民党统治区百业凋敝、民不聊生的景象形成鲜明对比。瑞金成为当时人们非常向往的地方。周恩来曾盛赞："中国外国不如兴国，南京北京不如瑞金。"

苏区经济主要是农业经济，大力发展农业生产是经济建设中头等重要的任务。农业生产的恢复和发展，不仅保障了苏区群众的基本生活，也为革命战争和经济建设奠定了坚实的物质基础。

二、发展农业科技服务抗战

农业是国民经济的基础，而粮食是基础的基础。红军长征胜利到达陕北革命根据地后，党中央领导全国抗日根据地开展了艰苦卓绝的抗日战争。这一时期的根据地环境更稳定，也吸引了来自全国各地的知识分子，我们党在发展科学方面做了更多的工作。

面对日寇对根据地的疯狂扫荡，以及国民党顽固派对根据地的围攻和经济封锁，抗日根据地积极响应毛泽东主席提出的"自己动手，丰衣足食"的伟大号召，开展了轰轰烈烈的大生产运动，党对农业科技的重视程度达到空前的高度。在新成立的延安自然科学院设立了生物系（后改为农业系），它是4个主要系之一，涌现出一大批红色农学家和农业科技工作者以及以南泥湾为代表的大型农场。以农业科技促进农业发展的大生产运动，也迅速由延安扩展到其他抗日根据地，陕甘宁、晋察冀、晋冀鲁豫、山东等抗日根据地都纷纷建立了农业科研机关，聚集了一大批农业科研人员。他们的艰辛工作，取得了许多科研成果，科研成果经推广又转化成更强的生产力，显示了农业科技的威力。

为了提高农业生产技术，促进根据地农业的发展，各抗日根据地相继设立了农业科研机构，负责承担根据地农业科技的研究与推广。例如延安光华农场及其分场、晋察冀农林牧殖局及所属的实验农场、晋冀鲁豫边区的农林局和农业指导所、延安自然科学院生物系以及延安中国农学会、晋察冀边区农学会等。

1940年2月创立的延安光华农场，是我党创办的最早从事农业科学技术研究的试验农场之一。光华农场成立后，先后派出乐天宇、唐川、康迪等人，对边区的林业、农业、畜牧业和土壤状况、农作物品种特性、栽培方法、轮作制度等进行了详细调查，为发展边区农林牧业提供了宝贵的第一手资料。农场中设置了农艺、园艺、畜牧兽医三个科研组，初期还设置了一个林业组；根据边区农业生产的需要，在绥德办了个分场（在蚕桑的试验推广

图1-4 康迪（右二）在指导农民种植小麦（西北农林科技大学档案馆 提供）

方面做出了重要成绩），在安塞和延安三十里铺办了两个生产基点。该农场在作物栽培、培育推广优良品种、防治病虫害、灌溉与水土保持、试种推广甜菜、改良农具等方面做了大量的研究工作。

光华农场畜牧兽医组在家畜改良方面，主要进行了役用驴、牛的选育和杂交改良，改良的品种都具有体格大、体质好、耐粗饲等特点，很受群众欢迎。光华农场还在陈凌风的主持下成功试制出牛瘟脏器苗和抗牛瘟血清，有效控制了边区牛瘟的流行。

晋察冀边区农事试验场，在作物品种试验、育种，农具改良、农田水利技术，林业、畜牧技术等方面也取得了丰硕的研究成果。晋冀鲁豫边区的农林局是在水利局基础上扩大组建的，其任务是做好"本区农林畜牧之调查研究试验推广等事项，有关水利之指导推广及经营事项"。农业指导所的工作是"农业技术的指导、推广事项，优良品种的推广、繁殖事项；简易的农作物试验；苗圃的经营指导事项。主要开展了优良品种的引进、推广工作"。

晋察冀边区农林局繁殖场进行了外来畜牧品种的培育和推广试验，并取得了一定的成果。如繁殖场饲养的来亨鸡，每年每只可产蛋300个，比本地鸡多3倍；波支猪每年每头比本地猪多产40斤*肉；美利奴羊每只比本地绵羊多产羊毛3倍，而且羊毛又细又长；瑞士奶羊每只一天可挤鲜奶约3公斤**，推广之后深受农民欢迎。

延安中国农学会是1940年由乐天宇、李世俊、陈凌风等人发起成立的。该会以"研究农业学术，普及农业知识"为宗旨，先后进行了作物改良、新品种的引进，以及蔬菜栽培技术的研究和推广工作。晋察冀边区农学会成立于1942年11月，该学会把谷子、小麦、玉蜀黍及绿肥试验作为自己研究的中心

＊　斤为非法定计量单位，1斤=500克。——编者注
＊＊　公斤为非法定计量单位，1公斤=1千克。——编者注

任务。当时，农业科技研究始终是密切结合抗日根据地农业生产实际进行的。

晋冀鲁豫抗日民主根据地引进推广的农作物优良品种有金皇后玉米、169号小麦和番茄等。1941年春，张克威主持把金皇后玉米和169号小麦等美国高产作物品种和北京的番茄等优良蔬菜品种，引进到驻地山西省黎城县南委泉村试种，获得成功；第二年他又把这些品种推广到群众生产中去，获得了大幅度增产。据当时统计，仅推广金皇后玉米一项，即为晋冀鲁豫抗日民主根据地增产粮食25％～30％。后来该品种被推广到整个太行山地区和太岳区，又扩展至陕甘宁边区和晋察冀边区。

在作物病虫害防治方面，陕甘宁边区对小麦的"黄丹"（黄锈）、"黑丹"（秆锈）和高粱、谷子、麦类的黑穗病等病害的防治，主要采取选择抗病良

图1-5　1941年7月张克威（第二排右二）出席晋冀鲁豫边区临时参议会（沈阳农业大学　提供）

种、换茬种植、药剂拌种或浸种等方式。延安的光华农场在蔬菜病害的防治方面，一般采取摘除病叶烧掉或喷洒石灰硫黄液的方法；而对陕甘宁边区粮棉和蔬菜害虫，则采取了消灭虫卵、推迟播种期、喷洒烟草水、撒草木灰和喷洒石灰硫黄液、灯光诱杀等办法，防治效果都很好。晋察冀边区农林局还试验出拌蓖麻油、拌石灰粉、拌酒、温汤浸种等简易方法来防治小麦黑穗病，可以减少黑穗病害发生率45%～90%。

在棉花种植方面，边区军民努力发展植棉事业，逐步做到了棉花基本自给。为了提高棉花的单位面积产量，边区的农业科技人员进行了大量的植棉技术调查和研究工作。光华农场的农业技师唐川等同志到延长、延川等地试验研究种植棉花，终于摸索总结出诸如整枝、打杈、早打顶芽、合理中耕施肥和防治蚜虫等一套促棉花早熟的栽培技术。延安《解放日报》多次发表有关文章，还印刷了植棉小册子和整枝打杈的宣传画，宣传推广光华农场的植棉技术。新技术的大面积推广使得边区的棉花产量有了明显提高，如延长县棉花平均亩*产高者达30斤皮棉，中等的20斤，一般也可达到预期的10斤左右。为此，陕甘宁边区政府授予唐川同志"劳动模范"的光荣称号。

边区各农事试验场和农业指导所，既开展农业科研，又负责技术推广，经常派科技人员深入农村调研和实地进行技术指导，印发有关农业技术的小册子、传单或在报纸上开辟专栏，普及农学知识。例如，《解放日报》曾开辟了《农学知识栏》和《科学园地》等专栏，介绍适用的农业技术。除此之外还采取了以下两种方式推广农业技术：一是举办农业展览会，面向根据地广大农民宣传农业科技。陕甘宁边区主要举办了1939年1月的第一届农业展览会、1940年的第二届农工业展览会和1941年9月的光华农场产品展览

---

* 亩为非法定计量单位，1亩=1/15公顷。——编者注

会；晋绥边区举办了1943年度生产展览会；晋察冀边区于1945年1月举办了边区首届生产展览会等。展览会的各展览室不但陈列了优等产品，而且还陈列了劣等及病态的农产品，悬挂各种图片，如栽培法、接木法、植物病态等图表，帮助群众系统地获得许多农作知识、植物病态及治疗法、蔬菜栽培法等，使展览会成为交流学习农业科技知识的好场所。二是建立示范农户、特约农田或特约农家。为推广农业科技，山东、晋察冀、晋冀鲁豫等抗日根据地建立了许多示范农户、特约农田和特约农家，这种方式既节省人力物力财力，效果又很好。

总之，在艰苦的战争环境里，我们党就非常重视发展农业科技，积极开展了农业科技的研究工作，并及时把科技成果向农民推广，初步形成了从科技研究到成果推广的完整体系。抗日根据地农业科研的实践，在广大落后的农村播下了近代农业科学技术的种子，为边区的经济建设培养和锻炼了新型的农业技术人才，更为我们今天实施科技兴农和科教兴国战略留下了极其宝贵的理论财富和历史经验。

三、农业科技助推农业升级

新中国成立后，百废待兴。毛泽东主席极力提倡选种、改进耕作方式，提出了著名的农业"八字宪法"（即土、肥、水、种、密、保、管、工），对农业发展产生了积极作用和深远影响。

在中央召开的历次科技大会或科技发展规划中，农业科技都占据重要位置。20世纪80年代发布的5个中央1号文件，以及2004年至今每年发布的中央1号文件，都对农业科技做出重点规划。

图1-6　乐天宇（中）参加1950年农耕学习总结大会
（中国农业大学　提供）

尤其值得一提的是，1963年和2001年，中央召开的两次全国农业科技大会，《人民日报》均在头版头条刊发长篇社论。专门召开农业科技大会，在我党的历史上留下浓墨重彩的一笔。这在国外政党和政府中并不多见！

在农业科研体系建设上，迅速建立了以中国农业科学院为代表的中央、省、地三级农业科研机构。目前，我国地市级以上农业科研机构数量达到1035个，机构和人员数量居世界第一。在农业教育培训体系建设上，先后经历了农民业余学校、识字运动委员会、干部学校、"五七大学"、各级农业广播电视学校等，建立了世界上最大的农民教育培训体系。

图1-7　1964年4月6日《人民日报》在头版显要位置报道全国农业科学技术工作会议的盛况（人民日报社　提供）

经过70年努力，我国农业科技进步贡献率不断提高，科技为保障国家粮食安全、重要农产品有效供给、促进农民增收、促进农业绿色发展发挥了重要作用，成为我国农业农村经济发展最重要的驱动力。

在新品种培育方面，先后育成农作物新品种20000余个，实现了农作物矮秆化、杂交化、优质化三次跨越，推广了超级稻、双低油菜、节水抗旱小麦等一大批新品种，新品种对提高单产的贡献率达43%以上。畜禽水产良种化、国产化比重逐年提升，奶牛良种覆盖率达60%。

我国是第一个在世界上大面积成功应用水稻杂种优势的国家，于1973年实现杂交水稻三系配套，实现了杂交水稻的历史性突破。"籼型杂交水稻"于2001年

图1-8 中国农业科学院副院长王汉中院士在油菜田里
（中国农业科学院油料研究所 提供）

获得国家技术发明奖特等奖。"两系法杂交水稻技术研究与应用"于2013年获得国家科学技术进步奖特等奖，确保了我国杂交水稻研究与应用的世界领先地位。1996年，农业部启动"中国超级稻研究"，截至2017年，农业部先后12批次确认了166个超级稻品种。

值得一提的是，由我国科研机构和科学家主持的"为非洲和亚洲资源贫瘠地区培育绿色超级稻"项目，是新中国成立以来由中国政府（科技部）与比尔·梅琳达盖茨基金会资助的最大的国际农业科技扶贫项目，已造福"一带一路"沿线18个国家和地区。项目的长期目标是使目标国小农户水稻生产能力提高20%以上，使3000多万农民收入显著增加。

据悉，项目共在亚洲和非洲18个目标国家审定品种78个，目前这些品

种正在各个目标国家稳步推广应用。根据各个目标国参加单位反馈的推广面积和绿色超级稻种子的生产数量，推算绿色超级稻品种在亚洲和非洲目标国家的累计种植面积达到612万公顷，使160万小农户受益。此外，项目在中国的西部五省区（宁夏、贵州、四川、云南和广西）培育绿色超级稻品种62个，累计推广面积超过421万公顷。

图1-9 黎志康（左三）在尼日利亚田间指导谷类作物育种后的合影（中国农业科学院作物所 提供）

我国科学家还开展了以长穗偃麦草为主的远缘杂交，成功实现小麦与偃麦草远缘杂交并育成了"小偃"系列品种，其中小偃6号累计推广1.5亿亩，同时作为骨干亲本衍生的品种达40多个，在世界上开创了小麦远缘杂交品种在生产上大面积推广的先例。

在杂交水稻和小麦远缘杂交领域，先后走出了袁隆平院士、李振声院士两位国家最高科学技术奖获得者。

令人振奋的是，一批土生土长的农民科学家靠着自己的奋斗也走上了国家科技奖的领奖台。山东省莱州市农民李登海，先后培育出100多个优良玉米杂交种，实现了玉米单产从100多公斤/亩到1400多公斤/亩的突破，多次刷新了夏玉米高产纪录。他主持选育的"掖单"系列玉米新品种获国家科学技术进步奖一等奖。

河南温县农民吕平安，在自家的责任田里潜心研究小麦育种30多年，先后培育出10多个小麦高产优质新品种（系），成为千里黄淮麦区小麦种植领军人物，累计推广种植面积1.84亿亩，增产小麦148亿斤。获得国家科学技术进步奖二等奖。

图1-10 吕平安在小麦试验田里观察小麦（吕平安 提供）

在农田改良方面，系统开展了黄淮海综合治理、南方红黄壤改良、中低产田改良、污染土壤修复与安全利用、土壤有机质提升、高标准农田创建等科技攻关与应用，促进单位耕地面积增产100公斤/亩以上、增收节支150元/亩以上。

其中，黄淮海平原综合治理是我国历史上最大的一次农业科技大会战，被誉为中国农业的"两弹一星"。大会战取得了巨大成功，推动了我国20个省份4.7亿亩耕地的低产田治理，惠及3.8亿人口，为结束我国千百年缺粮历史作出了重要贡献。该成果荣获了1993年国家科学技术进步奖特等奖。

在自然灾害控制方面，有效控制了蝗灾、小麦条锈病、稻飞虱、棉铃虫、稻瘟病等重大病虫害。控制和消灭了牛瘟、牛肺疫、马传染性贫血，成功控制了禽流感、猪蓝耳病等重要疫病的流行与发生。

针对来势汹汹的禽流感疫情，我国科学家成功研制出具有自主知识产权的禽流感疫苗，市场占有率达100%，不仅为我国农业安全筑起了一道坚实的防火墙，也为抗击世界禽流感疫情作出了巨大贡献。

我国还成功创制了世界第一个慢病毒疫苗——马传贫驴白细胞弱毒疫苗，共免疫注射7000万余马匹，有效控制了马传染性贫血病在我国的流行。该疫苗不仅获得国家技术发明奖一等奖，还成功入选我国"二十世纪重大工程技术成就"。

杨凌是我国第一个农业科学城。1997年，经党中央、国务院批准，在陕西省杨陵区设立国家杨凌农业高新技术产业示范区管委会，为陕西省政府派出机构，具有地市级行政管理权和省级经济管理权。由科技部等10多个部委和陕西省人民政府共同主办的中国杨凌农业高新科技成果博览会，至今已连续举办了25届，累计参加人数超过2960万人次，成交额9500多亿元。"杨凌农高会"品牌价值871.19亿元，为推动我国农村经济发展发挥了巨大作用。

图1-11 1997年7月29日，杨凌农业高新技术产业示范区成立大会（杨凌农业高新技术产业示范区党工委宣传部 提供）

在农业生产方式方面，从以人力、畜力为主转向机械化、设施化和信息化，主要粮食作物、主要生产环节初步实现了"机器换人"。设施大棚、智能温室等不断改进，植物工厂、育苗工厂等智能化技术飞速发展。目前，我国设施农业面积已位居世界第一，设施农业产值占农林牧渔业总产值的44%，有力保障了我国蔬菜、肉蛋奶和水产品的周年生产和长期供应。

四、中国农业科技走向世界

党的十八大以来，农业科技工作得到党中央的高度重视，成为新时代农业工作和科技工作的重中之重。习近平总书记多次强调，要"依靠科技进步，走中国特色现代化农业道路"。

广大农业科技工作者奋发有为，突破一道道科技难关，为农业农村发展提供了强大的科技支撑。最新数据显示，我国农业科技进步贡献率已由2012年的53.5%提高到目前的60%。农作物耕种收综合机械化率超过70%，主要农作物良种实现全覆盖。2020年粮食产量达到1.34万亿斤，连续6年稳定在1.3万亿斤以上。

在举世瞩目的超级稻研究领域，我国获得亩产突破1000公斤超级稻的成果。以袁隆平院士为代表的中国水稻科技各团队，持续开展超级稻育种理论创新、材料创制、品种培育、配套技术集成，选育了一系列品质优、产量高、抗性强、适应性广的新品种，实现了良种良法配套，年均推广面积超过1.3亿亩，占水稻种植面积的30%，有力带动了全国水稻单产水平的提高。

其中，龙粳31年均种植面积突破1600万亩，创近年单个水稻品种的最高应用面积纪录。江苏、浙江、湖南等地实现多年小面积亩产突破1000公斤。

在水稻基因组学研究及应用领域，我国科学家瞄准设计育种领域的国际前沿科学问题，绘制多个代表性水稻品种的基因组精细图谱，完成超过5000份水稻品种的变异组图谱，系统解析了重要农艺性状形成的遗传和表观遗传调控网络，在理想株型、抗虫抗病、氮素高效利用及环境适应等领域取得重大理论突破。进一步攻克了水稻主要性状之间相互制约的世界性育种难题，成果发表在《细胞》《自然》《科学》等期刊，为绿色优质高产高效新品种的设计与创造奠定了理论基础。

我国科学家还首次克隆了阻碍水稻杂种优势利用的自私基因；阐明了自私基因在维持基因组稳定性和促进物种进化中的作用机制。这些发现对创制广亲和水稻种质资源并有效利用优良种质资源进行优质高产育种有重要的理论指导意义。

我国科学家还完成了3000份亚洲栽培稻基因组变异研究，这是目前植物界最大的基因组测序工程；构建了全球首个接近完整、高质量的亚洲栽培稻泛基因组，深入解析了亚洲栽培稻基因组的遗传多样性，建立了数据应用平台。

科学家们还首次将无融合生殖这一复杂特性引入杂交水稻中，成功克隆出杂交稻种子。实现杂交稻克隆种子"从0到1"的原创性突破，开辟了克隆种子固定杂种优势研究以及作物育种发展的新方向，为未来杂种优势固定作物的研发与应用奠定了坚实基础。

在蔬菜基因组学研究方面，中国的研究水平已跃居世界领先地位，率先构建了黄瓜、番茄、白菜的全基因组变异图谱，为蔬菜全基因组设计育种打下基础，打通了从基因组到蔬菜新品种的技术通路。在全球率先完成了黄瓜的全基因组测序。其中黄瓜和番茄基因组设计育种取得突破性进展，品种推广面积累计达1000万亩，经济社会效益明显。在《细胞》《自然》《科学》等顶级学术期刊发表论文10余篇。

在禽流感疫苗研制方面，我国科学家率先发现H7N9高致病性突变株，并研发出高效H5/H7二价禽流感灭活疫苗，于2017年9月在全国范围用于禽流感免疫防控。该疫苗的应用不但有效阻断了H7N9病毒在家禽中流行，为养禽业每年挽回数百亿元的经济损失，更为维护公共卫生安全作出突出贡献：疫苗免疫前一年有766人感染禽流感，2017年10月至今仅有4人感染H7N9病毒。H7N9禽流感疫苗研发成功并大规模应用，阻断了禽流感从动物向人类传播，成为"从动物源头控制人兽共患传染病"的典范。

猪传染性胃肠炎、猪流行性腹泻、猪轮状病毒病是影响养猪业的重要病害。我国科学家通过攻克病毒分离、传代致弱、传代细胞培养工艺、诊断与综合防控技术等难题，研发出猪传染性胃肠炎、猪流行性腹泻、猪轮状病毒（G5型）三联活疫苗。该疫苗实现了一针防三病的效果，减少了免疫应激反应，是国内首个腹泻三联活疫苗。目前，该产品累计推广应用达6000余万头母猪，为我国生猪产业健康发展作出了重要贡献。

随着互联网、物联网、大数据、云计算、5G技术、智能机器人等在农业生产中的广泛应用，农业已经跨入智慧农业新阶段。

如今，在广袤的农村大地上，随处可见农用无人机在田野上空飞翔，依靠背负式喷雾器打农药的时代一去不复返了，无人机喷洒农药既精准又快速，防治效果也大大提升。

农业机械化水平在迅速提升。过去大型康拜因收割机收割小麦是农业现代化的标志，如今，棉花、玉米、油菜等农作物生产都能实现机械化。

图1-12 中国农业科学院智慧农业团队在田间开展研究
（中国农业科学院智慧农业团队 提供）

我国研制的纵轴流自走式玉米联合收获机等农业专用机械，实现了收获期籽粒含水量低、田间倒伏倒折率低、机收籽粒破损率低的"三低"目标。我国玉米籽粒机收技术推广面积从"十二五"末的零星起步，发展到2019年的2000多万亩，实现了育种目标和耕作制度的变革。

科学家们先后攻克了油菜全程机械化生产技术难关，创建了在全国油菜主产区可复制、可推广的高产高效生产模式，推广面积累计超过1亿亩，节本增效300亿元以上。全国油菜耕种收综合机械化水平从2007年不足20%提高到目前的53.6%。油菜精量播种、分段收获、联合收获机械化作业性能指标达到国际先进水平。

在土壤科学领域，首次创建了覆盖我国全域的高精度数字土壤。针对大比例尺土壤调查图件和资料分散存放各地，亟待收集和整合的问题，融合土壤学、人工智能、数据科学、制图学方法，首创土壤海量信息整合与表征的高效土壤大数据方法，较常规方法提高效率80倍。创建覆盖我国全域、含九大图层高精度数字土壤，为我国新增一项惠及多行业和亿万农民的高新技术基础设施。研究成果已应用于耕地保护与地力提升、面源污染防治、基本农田建设等多项国家工程，取得了巨大的社会效益和经济效益。

在重大病虫害防治领域，我国在入侵害虫草地贪夜蛾监测与防控研究上取得多项国内首创的科技成果，成功选出应急防控药剂与天敌昆虫，并形成防控技术方案，为我国成功防治草地贪夜蛾提供了重要支撑和保障。

在大动物新品种选育方面，我国自主选育的阿什旦牦牛成功获得国家畜禽新品种证书，对我国牦牛良种制种、供种体系建设和牦牛饲养方式转变具有重要引领作用，为科技助力青藏高原及毗邻地区的牦牛增产、牧民增收、产业增效开辟了新途径。我国还成功培育出高瘦肉率、高饲料转化效率的肉鸭新品种中畜草原白羽肉鸭。2017年，中畜草原白羽肉鸭新品种的商品代肉鸭出栏量达到6亿只，约占全国市场的23%，实现了肉鸭品种的国产化。

图1-13 中国农业科学院农业环境与可持续发展研究所杨其长研究员"设施植物环境工程团队"技术——甘薯根系分离空中结薯技术（程瑞锋 提供）

我国人口多，人均耕地面积少，传统农业生产离不开土地，那么如何摆脱土地对农业的制约？我国科学家开始研究植物数字工厂。植物数字工厂是一种环境高度可控、产能倍增的高效生产方式，不受或很少受自然资源环境制约，可实现在垂直立体空间的规模化周年生产，甚至可在岛礁、极地、太空等特殊场所应用，对保障"菜篮子"供给、拓展耕地空间与发展国防、航天事业等具有重要战略意义。

可喜的是，我国科学家在世界上率先提出植物光配方概念并阐明其理论依据，创制出基于光配方的LED节能光源及其光环境智能调控技术，确立了以红、蓝光为大量光质，以黄、绿、远红、紫外光等为微量光质的典型植物光配方20余种。创制出基于红蓝芯片组合与荧光粉激发两大类LED光源，研发出移动与聚焦LED光源及其调控技术装备，实现节能50.9％，为植物数字工厂奠定了坚实的技术基础。

更令人振奋的是，中国农业科技已经大踏步走出国门，造福全世界！菌草技术是中国拥有自主知识产权的综合性技术，它从根本上解决了食药用菌类需大量砍树的菌林矛盾。目前，菌草技

图1-14　西北农林科技大学教授张正茂（左）和哈萨克斯坦赛富林农业技术大学捷达耶夫教授（右）在哈萨克斯坦查戈里试验站查看小麦生长情况（西北农林科技大学　提供）

术已推广至全球160多个国家，为发展中国家脱贫作出了重要贡献。

中国的农业技术被引进到中亚地区，为当地粮食增产发挥了巨大作用。仅在哈萨克斯坦，就已经建成阿拉木图、努尔苏丹等8个农业科技示范园，开展以小麦、玉米、大豆、马铃薯和小杂粮为主的试验研究和示范推广，先后引种13大类的115个品种，经过多点试验，筛选出适合当地种植的3个小麦品种、3个玉米品种、3个马铃薯品种和2个春油菜品种，产量较当地品种具有明显优势，光是大麦产量就翻了一番，受到当地政府和农民的好评。

在具有3000年棉花种植历史的吉尔吉斯共和国奥什州卡拉苏棉区，中国有针对性地为其提供了10余个杂交品种参加当地区试。其中，中棉所44棉花品种已经通过区试，成为当地的主栽品种。在几乎没有增加当地棉农投入的情况下，棉花单产由过去的不到150公斤/亩提高到如今的300公斤/亩。目前，吉尔吉斯共和国采用中棉所技术植棉的面积已经过万顷。

乌兹别克斯坦共和国素有"白金之国"的美誉，是世界上棉花品种资源最多的国家，但产能落后，技术力量薄弱。引进中国植棉技术后，棉花全生育期灌溉用水仅为原来的1/3，产量均达到每公顷4.5吨，比当地的产量高1倍以上。目前，我国培育的中棉所12、中棉所49、中棉所65、中棉所88、中棉所92和中棉113这6个棉花品种成功获批进出口种子经营许可证和海关报关登记证书，被允许出口"一带一路"沿线国家乌兹别克斯坦共和国和塔吉克斯坦共和国。

在非洲大陆，我国科学家深入莫桑比克、肯尼亚和贝宁等国家进行水稻生产技术培训，把中国的水稻品种、生产技术和机械引进非洲，使得当地的水稻

图1-15 乌兹别克斯坦技术人员在中国农业科学院棉花研究所建设的示范园参观学习（中国农业科学院棉花研究所 提供）

产量从每公顷1吨提升到9吨，显示出广阔的增产前景，受到当地政府和农民的欢迎。

在广大农业科技工作者的努力下，我国一大批农业科技成果走向世界，为"一带一路"建设和构建人类命运共同体作出了积极贡献。农业科技和核电、高铁一样，已经成为中国"走出去"的另一张亮丽名片。

第二篇
科技兴农，粮安天下

洪范八政，食为政首。中国共产党成立100年来，党中央始终把解决好"三农"问题作为重中之重，摆在全局工作的突出位置。农业科技是我国全面建成小康社会的重要抓手，大力发展农业科技是乡村振兴的必然要求，是推进农业供给侧结构性改革的必然选择，也是提升我国农业竞争力的有力举措。

杂交水稻、"小偃"系列小麦等高产作物的推广，让中国人的"粮袋子"更充实；设施蔬菜和水果的培育，让中国人的"菜篮子"和"果盘子"四季常鲜；优良畜禽品种的高效养殖，让中国人的"肉盘子"更加丰盛……正是农业科技的不断创新，才能让中国人的饭碗牢牢端在自己手里，才能不断满足人民对美好生活的向往。

中国共产党成立100年来，农业科技领域涌现了一大批世界知名的科学家和典型事迹。他们在田间地头风餐露宿，他们在实验室里小心求证，他们在技术推广中倾囊相授……大多数农业科技工作者脚踏实地，默默无闻。祖国不会忘记他们，人民不会忘记他们！本篇所介绍的农业科技故事，展示了我国农业科技工作者的智慧和奉献精神，也初步描绘出中国共产党成立100年来我国农业科技发展的轨迹。

一、享誉世界的中国水稻科研"天团"

导语：手中有粮，心中不慌。千百年来，人们总是在追求越来越高的粮食产量。从中国共产党成立到建立新中国，再到进入社会主义建设的历史进程，100年来中国共产党带领中国人民一直在为消除饥饿而努力。

在所有的增产要素中，唯有科技的增产潜力是超出想象的。辉煌的成就与众多水稻科研工作者的努力息息相关。几代水稻科研工作者薪火相传，用智慧和汗水为中国解决粮食安全问题作出巨大贡献。培育新品种则是现代农业科技中最重要的内容，每一次水稻育种技术的革命性进步，都推动水稻单产迈上新台阶。

（一）中国农业最耀眼的星

2020年，中国粮食产量实现"十七连丰"，黑龙江省也同步实现了这一历史性成就——全省粮食产量达7541万吨，比上年增加近40万吨。此时，这个位于中国最北端的农业大省，粮食产量已连续10年领跑全国。

黑龙江省地处世界三大黑土带之一，是维护国家粮食安全的主力军。然而，也许有人并不知道，这里也是我国最大的稻米产区。水稻一直以来都是中国产量最大的粮食品种，养活着六成左右的中国人。以黑龙江省为代表的东北地区，如今是中国重要的稻米产区。

千百年来，水稻最主要的产区是在长江中下游地区。"湖广熟，天下足"

图2-1　从前的"北大荒"，今天的"中华大粮仓"（党爱河　摄）

正是人们对稻米产地的认识。湖广主要指的是湖南省和湖北省。在明清时期，江汉平原和洞庭湖平原是最主要的稻米产区，也是中国最主要的粮仓。

"稻米流脂粟米白，公私仓廪俱丰实"；

"竹叶送阴遮古寺，稻芒随水出山庄"；

"水为乡，篷作舍，鱼羹稻饭常餐也"；

"稻花香里说丰年，听取蛙声一片"；

……

在古代诗人眼中，稻米代表着江南田园风光，也是百姓重要的日常生活内容之一。因此，一直以来中国的粮食运销格局是"南粮北运"——通过京杭大运河，从浙江杭州经江苏、山东等省运到北京，其所运的"漕粮"即为历史见证。

"南粮北运"基本格局被打破，粮食生产"大头"重回北方，则是新中国成立以来半个多世纪里发生的事。华北平原治理盐碱地和东北平原大规模开发北大荒，是其中最重要的两个历史事件。而水稻的"新家"，正式落户到那一片片亘古荒原上的茫茫黑土地——从"北大荒"到"北大仓"，如今这里是全国最大的商品粮生产基地。

黑龙江省的水稻种植史已经有半个多世纪，早期由于单产低，种植面积一直不大。水稻面积快速增长是从20世纪80年代中期开始的。从1949年的4.65万亩发展到现在接近6000万亩，亩产从81公斤提高到近500公斤，亩产超过700公斤的大面积稻田也相继出现。

图 2-2 北大荒丰收的稻田（张伟 摄）

农业科技进步为这种粮食生产格局的空间变化提供了源源不断的动力。适应高寒地区的水稻新品种被广泛采用，从耕种到收获普遍使用农业机械，大大提高了生产效率。

　　水稻生产的新科"状元"是黑龙江省。2019年，这个边疆大省的稻谷总产量为2664万吨，比一直以来稳坐稻谷生产头把"交椅"的湖南省（2612万吨）还要高出52万吨。黑龙江、吉林、辽宁、内蒙古四省（自治区）的粮食外调量占全国的六成以上。

　　甚至，人们把水稻种到了中国最北端的黑河市。这里地势平坦、土壤肥沃、灌溉条件好，但对水稻种植来说，面临的最大问题是这里气温太低，传统的水稻品种不适合在这里种植。

　　2010年，黑龙江省农业科学院黑河分院的科技人员开始在这里开展高纬高寒地区水稻种植模式推广试验。想要在有限的积温条件下使水稻尽快成熟，就要求水稻品种的生育期要短，还要具备耐冷、感

图2-3　寒地水稻开创者徐一戎在稻田观察（汤富　摄）

光性弱等特性。科研人员培育了极早熟品种黑交9709，加上温室育苗、适时早插、稻田增温、加强施肥等工作，终于在中国最北端种出了寒地极早熟水稻。

　　北纬47°曾经被国际水稻研究界认为是水稻种植的最北界限。高寒水稻的成功种植，把水稻大规模种植的最北界限延伸到北纬51°。

　　在中国的最南端，有着一块水稻生产的关键之地。海南三亚，气温常年不低于20℃，是一个没有冬天的地方。椰风海韵的三亚也是育种家的乐园，每年9月至翌年5月，全国各地700多家科研机构的7000多名农业科研人

员在这独特的热带气候环境中实现农作物的加代繁育。

时间就是效率，与生命打交道的科研人员在这里按下"加速键"，一个品种的育种周期可以缩短1/3甚至1/2。在"南繁硅谷"，一年里有上百万份种子在这里实验和繁育。在这座巨大的"大自然温室"，科研人员的使命是培育新的生命，开展作物种子繁育、制种、加代、鉴定等科研生产活动。

这是全国最大的农业科技试验区，也是农业科研的"加速器"。新中国成立以来育成的7000多个农作物新品种中，超过70%经历过国家南繁科研育种基地的洗礼。

南繁杂交水稻累计种植面积超过3亿公顷，占全国水稻种植面积的60%以上；杂交稻育种研究，100%都经过了南繁；谢华安（2007年当选中国科学院院士）培育的汕优63水稻，作为我国水稻的主推品种长达 24 年，连续多年占水稻种植面积的20%以上。

2018年的中央1号文件明确提出：加快发展现代种业，提升自主创新能力，高标准建设国家南繁科研育种基地。这充分体现了以习近平同志为核心的党中央对种业工作的高度重视。

国以农为本，农以种为先。农作物品种的不断改良是中国农业得以长足进步的关键密码。小小的种子一直与伟大事业联系在一起，这正是中国种业的使命。

1949年新中国成立。当年，饱经战乱的中国全年粮食产量是1.1亿吨，中国人平均只有209公斤粮食。此时的新中国，大部分人生活在温饱线以下，水稻平均亩产也只有区区126公斤。到2019年，水稻平均亩产已接近470公斤。与新中国成立之初相比，水稻平均亩产几乎翻了两番。这其中的主要因素就在于科技推动，最关键的因子是"育种革命"。

第一次——"高秆变矮秆"。广东省1956年选育出矮秆品种矮脚南特、1959年育成广场矮，台湾省1956年育成台中在来1号。此后，全国各地相继选育出50多个不同熟期、不同类型的矮秆新品种。矮化育种技术使水稻亩产从新中国成立初期的126公斤，提高到70年代初的230公斤。20世纪60年代中国已经普遍应用了矮秆品种，这是中国水稻发展史上的第一次飞跃。

第二次——杂交稻。1973年实现籼型杂交稻三系配套，1975年建立杂交水稻种子生产体系，1976年起开始大面积推广，比常规品种增产20%以上，种植比例最高的时候，杂交水稻占水稻总面积的60%以上。

第三次——超级稻。1996年农业部启动超级稻育种计划，2000年第一期计划每亩700公斤的目标已实现，随后又实现了2004年800公斤、2011年900公斤、2014年1000公斤的"三连跳"。今天，全国已有三成左右稻田种植了超级稻品种，中国的水稻亩产是世界平均水平的1.6倍。

中国这个14亿人口的大国能用不到世界10%的耕地养活世界近20%的人口，包括育种在内的水稻科技功不可没。中国人吃的大米几乎都是自己种出来的。如果评价中国水稻今天的地位，可以概括为三句话：资源富国、生产大国、科技强国。中国的水稻科研成就是农业科技殿堂中最耀眼的那颗明星。

水稻科学家们凝心聚力、合力攻坚，为保障国家粮食安全立下不朽功勋。一次又一次引领着世界水稻研究潮流的中国水稻科研"天团"，将继续引领世界水稻研究。

（二）引领世界杂交稻

中国是世界上第一个将杂种优势应用于水稻生产的国家。先进的杂交水稻技术是40多年来提高粮食产量的最大秘诀，也是第二次绿色革命中的引领性技术。在中国水稻科研"天团"中，袁隆平（1995年当选中国工程院院士）就是那璀璨星空中的一颗耀眼恒星。

2020年9月，秋高气爽的云贵高原上，水稻又进入丰收季。这个月中旬的一天，在云南红河哈尼族彝族自治州蒙自市草坝镇的一块农田里，人们进行着一场不同寻常的收获。

图2-4　袁隆平院士在田间观察超级稻生长情况
（袁隆平院士团队　提供）

这里是袁隆平超级杂交水稻蒙自示范基地。专家组正在对第二代"超优千号"进行测产。专家组选取了3个地块同时进行收割、脱粒，汇总后按照高产创建产量公式计算，最终测产结果为亩产1134.6公斤。这意味着这块示范基地实现了连续4年平均亩产超过1100公斤，成为世界上少有的高产典型。

时光回溯到1982年的某一天，52岁的袁隆平赴菲律宾参加洛斯巴诺斯（距马尼拉65公里）的国际水稻研究所的学术会议。当国际水稻研究所所长斯瓦米纳森引着袁隆平走向主席台时，投影机在大屏幕上打出袁隆平的巨幅头像和"杂交水稻之父"的英文字幕。"杂交水稻之父"的称号，正是对他在水稻科研界开创性卓越成就的最高肯定。

1981年6月6日，当时的国家科委、国家农委在北京联合召开籼型杂交水稻国家技术发明奖特等奖授奖大会，国家领导人王震、方毅、万里，著名科学家周培源、金善宝、钱学森等都出席了大会。在这次大会上，袁隆

袁隆平院士（右）和种植杂交水稻的菲律宾农民合影
（袁隆平院士团队　提供）

平作为第一完成人代表全国籼型杂交水稻科研协作组领取国家技术发明奖特等奖。这是新中国成立以来第一次颁发这个奖项。

此时的中国，已经开始将杂交水稻应用到大面积生产中。时任国务院副总理方毅在大会上说："籼型杂交水稻的培育成功，丰富了水稻遗传育种的理论和实践，在国际上遥遥领先，为中国争得了荣誉。美国、日本、印度、意大利、苏联等十几个国家的科学家，开展杂交水稻的研究已有十几年的历史，但都还处在实验阶段，而我们是走在前面了。"

第二天出版的《人民日报》发表社论《争当攀登科学技术高峰的勇士》，指出："强优势杂交水稻的育成，不仅有巨大的经济价值，为水稻大幅度增产开辟了新的途径，而且突破了前人的窠臼，丰富了水稻遗传育种的理论和实践。"

确保中国人的饭碗要牢牢端在自己手中，袁隆平一直以来以此为己任。20年后的2001年2月19日，党中央、国务院在北京人民大会堂召开国家

科学技术奖励大会。袁隆平在会上获得首届国家最高科学技术奖，他的获奖证书由时任国家主席江泽民签署并颁发。这一奖项是在国家层面给予为科学技术发展作出杰出贡献的科学家的最高荣誉。

重农固本，国之大纲。在2019年新中国成立70周年的国庆之时，袁隆平又一次在人民大会堂被授予共和国勋章。习近平总书记亲自为袁隆平戴上了这枚沉甸甸的勋章。这是共和国对以袁隆平为代表的农业科学家所作贡献的肯定，体现了党和国家对粮食和农业的高度重视。

作为"杂交水稻之父"，袁隆平开创的杂交水稻事业帮中国人端牢了饭碗。如今，杂交水稻在全国水稻生产上占了半壁江山，每年种植面积超过两亿亩，每年增产的粮食可多养活7000万人。

梅花香自苦寒来。杂交稻技术是几十年来以袁隆平为代表的水稻科研人员共同努力的智慧和辛勤工作的结晶。

在南繁基地，袁隆平从1968年起就和团队成员一起在这里寻找一颗可以改变世界的种子。1970年11月的一天，袁隆平的助手李必湖和南红农场职工冯克珊在农场一片沼泽地的池塘边发现一株野生稻花粉败育型雄性不育株"野败"。这株野生稻的发现为杂交水稻科研打开了一扇窗。随后，袁隆平带领科研团队用"野败"进行了上万次试验。

1972年杂交水稻被列为国家重点科研项目，由中国农林科学院和湖南省农科院主持，组织全国力量搞协作攻关。30多个科研单位的科学家们用了上千个品种，与袁隆平团队发现的"野败"品种进行了上万次实验。这是新中国成立以来第一次如此大规模地进行协作攻关，合作精神至今仍被许多科研人员所怀念。

"南方的六月，天热日烈，但也正是水稻抽穗扬花时节。为了寻找雄性不育植株，他们连续几天头顶骄阳，脚踩烂泥，蹲在稻田里，一株一株地观察研究。为了扩大研究范围，他们南跑广东，西去云南和广西，奔波不息。他们同兄弟省、区的农业科技人员合作，向野生稻领域进军。"在当时新华社的一篇报道中这样写道，"为了加速工作进程，他们不分日夜，不分冬夏，南繁北育，艰苦奋战。就是在旅途中，他们也分秒必争，在火车、轮船和旅馆里进行晒种、浸种、催芽等工作。"

很快，江西、湖南、广西等省（自治区）先后育成了水稻雄性不育系、相应的保持系和强优恢复系。1973年10月，在苏州召开的全国水稻科研会议上，袁隆平正式宣告中国籼型杂交水稻三系配套成功。第一个具有较强优势的杂交组合南优2号当年实验亩产628公斤。两年后，杂交水稻制种技术研制成功，先后解决了三系配套、制种产量低等问题，为大面积推广种植奠定了基础。

小范围试验田的高产能否真正体现在生产应用上？在推广种植的实践中，人们曾经的顾虑被打消了——杂交水稻在大田中的增产效应十分明显，单产一般比常规稻增产20%左右。

1976年，杂交水稻的全国示范推广面积扩大到208万多亩，全部增产20%以上。从1976年到1987年，中国的杂交水稻累计增产1亿吨以上。

杂交水稻大获成功，但科学家们的脚步从未停下，以袁隆平为代表的水稻科研人员继续向着更高产、更高效的方向前进。

1987年，袁隆平担任国家"863"计划两系杂交水稻专题责任专家，由湖南杂交水稻中心牵头，联合了全国16家单位进行协作攻关两系法杂交水稻研究，历经9年终于研制成功两系杂交水稻。

很多人都知道，袁隆平有个"禾下乘凉梦"：水稻长得像高粱那么高，穗子像扫帚那么长，籽粒有花生那么大，我和同事们工作累了，可以在稻下乘凉……这是袁隆平的"中国梦"——不停地追求粮食高产、更高产、超高产和高品质，让饥饿永远远离中国人，也造福全世界那些还吃不饱饭的人们。

他还有另一个梦想：杂交水稻覆盖全球梦，也就是要让杂交水稻造福世界人民。全球现有水稻面积1.6亿公顷，如其中有一半种上杂交水稻，每公顷按增产2吨计算，则可增产1.6亿吨粮食，可以多养活5亿人口。

全世界90%的大米是发展中国家种植和消费的，水稻是亚洲、非洲和美洲近10亿个家庭的主要营养来源。事实上，世界上80%的水稻是发展中国家的农民种植的，他们的土地有限，收入来源单一。种植水稻不仅意味着填饱肚子，还是人们摆脱贫困的重要手段。

1993年，袁隆平受联合国粮农组织之聘担任首席顾问，为印度进行杂交水稻育种和繁殖制种给予技术指导。他先后数次赴印度讲学和指导，使杂交水稻育种取得重大进展。在袁隆平及其他中国专家指导下，越南等东南亚国家也迅速发展杂交水稻。国外一些农业专家把杂交水稻称为"东方魔稻"。

为了解决发展中国家粮食短缺问题，20世纪90年代初，联合国粮农组织就把推广杂交水稻作为首选战略，选择了15个国家推广杂交水稻。如今，中国的杂交水稻已在40多个国家引进和示范推广。以杂交水稻技术为基础，中国在全球近100个国家建立了农技示范中心、农技实验站和推广站，帮助这些国家培养了大批粮食技术人员。

多年持续农业稳定发展，不仅大量减少了中国的贫困群体，也帮助了其他国家的贫困人口摆脱食物危机。而杂交水稻在解决世界的饥饿问题上正日益显示出强大的生命力。

（三）保障粮食安全

保障国家粮食安全是永恒的课题。水稻科研人员永远在路上——水稻产量从亩产500多公斤增长到1000多公斤是世界性的难题。为了继续确保中国人的饭碗里主要装的是中国的粮食，农业部于1996年启动了超级杂交水稻育种计划。该计划分四期进行，每期的产量目标分别是亩产700公斤、800公斤、900公斤及1000公斤。

春华灼灼，秋实离离。几年工夫，通过形态改良和杂种优势利用相结合的技术路线，全国的水稻科研人员拧成一股绳、劲往一处使，分别于2000年、2004年、2011年和2014年，提前完成了各期攻关目标。

从2015年起，国家先后启动了第五期、第六期及第七期超级稻攻关项目，其产量目标分别是每公顷16吨、17吨和18吨，并连续取得突破。截至2020年，经农业农村部确认的超级稻品种已达133个。

中国人多地少，用更少的土地产出更多粮食始终是广大农业科研人员最重要的使命。不过，在确保产量不断增长的同时，水稻科研人员如今还有了一项新的任务——随着人们对水稻品质的更高追求，水稻科研开始从过去强调产量向兼顾绿色优质的目标转变。

2018年，在30多个列入超级稻工程的水稻品种中，优质稻占比超过30%，

图2-6 袁隆平院士（前排中）在实验室工作

（袁隆平院士团队 提供）

其中不少品种的米质已经达到国家二级标准，这些品种同时还具备广适性、高抗性和低成本等特点。

一些专家表示，缩短农民的生产田和科学家的试验田之间的产量差距，是能否得到广泛推广的关键因素之一。我国目前水稻平均亩产在500公斤左右，普通农民在一般条件下种植一些优秀的第二代杂交水稻品种可以达到600～700公斤的亩产，但在同样种植条件和环境下，第三代杂交水稻的亩产可以达到800公斤。

从短缺到充裕，从大量消耗耕地和水资源到更绿色环保，中国的水稻科研正在向着更高效和可持续发展的道路前行。今天，伴随消费端的新需求和种业改革的新形势，水稻科研队伍在不断适应中迈向新高度。

2020年10月上旬，在浙江省诸暨市山下湖镇，种粮大户黄益飞的水稻田青绿色中透着金黄，飘散出丰收的气息。他近几年种的水稻品种是嘉丰优2号，不但产量高，而且品质好，因此卖得俏，每公斤比以前多卖六七角钱。黄益飞生怕迟了买不到种子，稻谷还没收就向种子公司预订了来年的嘉丰优2号种子。

为什么嘉丰优2号和嘉禾优7245成了抢手货？一直以来，水稻育种追求的最重要指标是高产，但产量和品质往往是一对矛盾。中国水稻研究所研究员曾大力解释说，粳稻的口感和味道通常优于籼稻，而籼稻的产量更高。这两个新品种兼顾了籼稻的高产特性和粳稻的食味品质，"看着像籼稻、吃起来像粳稻"。

既保障了产量，又提高了品质，从而增加了农民的亩均收益，而每公斤售价略高（比普通大米贵不到1元）对大多数消费者来说也是能接受的。各方都满意的新品种，能不走俏吗？

　　这两个新品种都是中国水稻研究所、浙江省嘉兴市农科院、中国科学院遗传与发育生物学研究所和浙江可得丰种业有限公司等单位合作育成的，而不是科研单位先培育出新品种后，对接种子公司进行技术转让，再由种子公司进行扩繁经营的传统模式。

　　随着我国种业改革不断深化，一批具有"育繁推一体化"能力的种子企业成长壮大，越来越多地承担起被称为农业"芯片"的种子产业的发展重任。

　　"农学是实践的科学。"中国科学院院士、中国农业科学院作物科学研究所所长钱前一语道破育种"玄机"："企业对市场最敏感，农民对价格更关心，充分考虑两者需求是衡量新品种好坏的标尺。"

　　创新的成果虽然出现在今天，基础却是很早就打下的。10多年前，中国科学院院士李家洋和钱前等组成的科研团队就克隆了控制水稻理想株型的关键多效基因 *IPA1*，为后来的育种工作提供了极大便利。

　　农作物已经到了分子育种时代，用分子标记方法把带有理想株型的基因导入目标作物中，从而实现高效、精准育种。

　　新时代，新征途。2020年以来，受新冠肺炎疫情、沙漠蝗虫等流行的影响，全球面临严重粮食危机的人口增加，一些发展中国家人们面临饥荒。同时，为适应人们消费和营养需求的升级，水稻生产正在发生一些新变化。

　　"芳林新叶催陈叶，流水前波让后波。"在全面建成小康社会的今天，在建成富强民主文明和谐美丽的社会主义现代化强国的明天，中国水稻科研界在已有的巨大成绩上不断开辟新境界，新一代水稻科研工作者必将继续为保障中国乃至世界粮食安全作出新的贡献！

二、一"麦"相承济苍生

导语： 我国小麦分布广泛，在粮食生产中的地位举足轻重。新中国成立以来，我国小麦新品种培育与推广事业取得了巨大进展，先后育成了数千个优良品种，每年小麦生产上种植品种有400多个，年种植面积超过1000万亩的品种有100多个，为中国人饭碗装中国粮作出了卓越贡献。

我国小麦科研领域先后涌现出许多作出了卓越贡献的科学家，如中国现代小麦科学主要奠基人金善宝院士、小麦栽培及遗传育种学家蔡旭院士、小麦遗传育种学家庄巧生院士、小麦遗传育种学家程顺和院士和小麦育种专家赵振东院士等，共同书写了一部壮丽的小麦科技史。本节以西北农林科技大学赵洪璋院士、国家最高科学技术奖获得者李振声院士、小麦育种家王辉教授等为代表的科研团队作为案例，致敬百年来接续奋斗、不屈不挠的小麦人。

图2-7 丰收在望的金色麦田（西北农林科技大学档案馆 提供）

民以食为天。丰衣足食一直是几千年来人们世世代代追寻的永恒梦想，解决吃饭穿衣问题一直是历朝历代治国安邦的头等大事。

早在东汉史学家班固《汉书·郦食其传》中，就有"王者以民为天，而民以食为天"的表述，强调了食物对人类繁衍生息的重要性。中国很早即进入农耕时代，在漫长的农业社会，由于生产力水平低下，社会人口相对较少，加上天灾人祸频繁，使得老百姓不得不对温饱给予更多的关注。在古代，国家、江山被说成"社稷"，而这个"稷"在古代就有粮食的含义。

小麦是世界上总产量第二的粮食作物。我国是世界最大的小麦生产国和消费国，小麦生产对保障国家粮食安全具有特殊的重要意义。饺子、面条、馕饼、面包，这些满足人们生存需要的五花八门的主食都由小麦粉制作而成。

仓廪实，天下安。从地瓜玉米到精米细面的饮食升级，背后是小麦产量的大幅提升。而育种创新又是其中最关键、最基础的环节。

（一）一个小麦品种挽救了大半个新中国

"父亲"有高产的优点，"母亲"有抗病的长处，若"父母"相结合，其"儿女"把高产与抗病集于一身，该多好！这就是小麦育种人最基本的指导思想。

小麦育种，就是选育优良小麦品种。何谓优良小麦品种？指的是综合性状优良、产量潜力突出、在生产上有巨大推广应用前景的小麦品种；其优良综合性状包括抗病性好、抗逆性强、品质好等一系列符合需求的表现。在小麦育种领域使用最广泛、成效最显著的育种方法，就是杂交育种。

20世纪40年代，在陕西杨陵，有一位叫沈学年的西北农学院教授，通过广泛搜集小麦种质资源，成功从潘氏世界小麦和当地小麦中系选出碧玉麦和蚂蚱麦，并在关中地区大面积推广种植。碧玉麦抗锈能力强，茎秆坚韧，色碧绿，上有白色蜡质，籽粒大而透明如玉，因此得名。蚂蚱麦选自当地农家品种，适应性强，产量高。

新中国成立之初，我国小麦品种多为当地沿用很多年的农家"土"品种，不抗病、易倒伏，亩产量仅百余斤。让百姓吃饱肚子成了党和政府最大的心愿之一。在这个关键时期，沈学年的学生、30岁出头的赵洪璋将碧玉麦与蚂蚱麦相杂交，选育出了碧蚂1号小麦新品种，其丰产性突出，一般增产15%～30%。

随后，碧蚂2号至碧蚂6号等多个品系和抗吸浆虫优良品系6028相继问世，其综合性状均明显超过了当时的品种。

图2-8 全国劳动模范赵洪璋院士和农民在田间
（西北农林科技大学档案馆 提供）

在国家的高度重视和支持下，到1959年，赵洪璋培育的三个综合性状优良的品种年最大种植面积达1.1亿亩，累计增产近2000万吨，增收100多亿元，其中碧蚂1号9000余万亩，创下了我国一个品种年种植面积最高纪录，实现了我国小麦品种的第一次大更换和小麦生产的第一次飞跃，为尽快恢复国民经济立下了不朽功绩。

这批品种给新中国献了一份厚礼。作为陕西关中及黄淮麦区小麦品种首次大更换的主要品种，将当时的小麦产量水平推上一个新台阶。1978年，这批品种荣获全国科学大会奖和陕西省科学大会奖。

20世纪60年代初，小麦条锈病疯狂蔓延，毁掉了无数庄稼人的心血，碧蚂1号也发生倒伏并感染了条锈病，赵洪璋急在心里。这个粗犷豪气、刨土坷垃钻麦田的教授开始马不停蹄地寻找育种新目标。1964年，他及时拿出了新选育的丰产1号、丰产2号、丰产3号小麦新品种，以大穗大粒抗病抗倒充当了黄淮麦区小麦品种第二次大更换和实现小麦生产第二次飞跃的生力军。其中丰产3号1976年种植面积达3000余万亩，种植时间长达20多年，成为20世纪60年代末70年代初在关中和黄淮麦区种植面积最大的品种，也成为该麦区小麦品种再次更换和小麦产量再上台阶的主力品种之一，为我国三年自然灾害后农业生产迅速恢复作出了贡献。丰产3号1978年获全国科学大会奖和陕西省科学大会奖。

随着农业生产不断发展，水肥条件大幅度改善，相应发生了小麦严重倒伏的问题，至1970年，赵洪璋陆续选育出我国黄淮麦区第一批推广种植的冬性矮秆品种矮丰1号、矮丰2号、矮丰3号、矮丰4号。它们抗倒性特别突出，产量又上一个台阶。20世纪80年代后，针对陕西关中和黄淮麦区小麦病害种类增多的情况，赵洪璋又选育成功高抗赤霉病、综合性状优良的西农85等品种。

以碧蚂1号、丰产3号、矮丰3号为代表的三批上台阶品种，实现了我国黄淮麦区小麦品种的数次更新换代，被誉为黄淮麦区小麦品种的三个里程碑！赵洪璋教授因此荣获全国劳动模范称号。由于他在学术上的巨大贡献，1955年他当选为中国科学院学部委员，时年37岁，是当时中国科学院学部委员中最年轻的一位。

毛泽东、周恩来等党和国家领导人多次接见赵洪璋，毛泽东主席曾称赞他"一个小麦品种挽救了大半个新中国"，而老百姓则亲切地称他为"赵劳模"。

赵洪璋在杨陵生活、工作了一辈子，这个地方很特殊。大约4000年前，中国第一位农官、农业始祖后稷，在这儿"教民稼穑，树艺五谷"，实现了先民们在恶劣的自然环境里求得温饱的梦想，成就了中华农耕文明的远古辉煌。

为了纪念中国的农神后稷，人们塑起了一座巨大的雕像，他身材魁梧，发髻高拢，长髯飘拂，右手持一把镰刀，左手抱一捆谷穗，神情刚毅……而作为后稷子民，有很多像赵洪璋一样的育种家前赴后继，不断创新，为让中国人吃上饱饭，立下了汗马功劳。

（二）太谷核不育和矮败小麦

小麦是自花授粉作物，不同个体间基因交流机会不多。为了实现让小麦不同个体之间进行基因交流和重组以产生新品种，研究人员往往采用传统的人工操作办法，将雄蕊去掉，然后用其他品种的花粉与之授粉。但这个办法效率很低，人工杂交一次基因也只能重组一次，性状改良也只有这一次机会。

开发和利用小麦中千千万万个遗传基因，更快更多地选育良种，迫切需要一种新的育种方式。

1972年，山西省太谷县水秀公社郭家堡大队的一块试验田里，技术员高忠丽发现了一株天然雄性不育小麦并将材料带到了中国农业科学院作物科学研究所开始研究。

这株"无花粉型"的不育小麦被一个显性的雄性不育基因控制，因此雄性器官没有生殖能力，甚至没有花粉，而雌性器官生长正常。这就表明，它是一株需要异交才能结实的特殊小麦，没有不良基因的连锁，这就给选育良种提供了必需的条件。同时，不育小麦还省去了烦琐的人工去雄环节。

1979年召开的一场全国会议上，研究团队公开宣布了鉴定结果，并把它命名为太谷核不育小麦，得到了如浪潮般的反响。"这是个好东西，很有价值！"时任国家科学技术委员会主任方毅了解到太谷核不育小麦鉴定结果和应用前景，十分欣喜。

1981年，在方毅的倡导下，全国500位遗传育种家汇聚一堂，参加由全国育种大会临时改成的太谷核不育小麦讨论会。会上决定，成立全国太谷核不育小麦科研协作组，并任命邓景扬为组长。

图2-9　邓景扬在麦田观察小麦生长状况
（中国农业科学院作物科学研究所　提供）

全国协作让太谷核不育小麦的相关研究进展和实践应用安装了"加速器"。世界著名小麦专家、诺贝尔奖获得者N.E.Borlaug博士和权威专家Weibe博士曾说："在现在和将来的育种计划中，核不育基因将是建立具有任何预期基因杂交群体的最经济便利的方式。"

太谷核不育小麦被鉴定了，下一步的研究课题，是要确定这个基因在小麦21对染色体的哪一对上。太谷核不育小麦基因性质特殊，因此不能用常规的方法进行基因定位。邓景扬同国际多位育种专家商讨太谷核不育小麦的基因定位法，但都没有得到圆满的答案。

1983年冬日的一个早晨，邓景扬的研究生刘秉华终于在显微镜中看到了非同寻常的染色体，它像一个红色的"7"，映在刘秉华的视野内。

就这样，太谷核不育小麦的不育基因定位成功了。这项成果获得国家技术发明奖二等奖。虽然成功定位了太谷核不育小麦的基因位置，但如何使太谷核不育小麦的后代在抽穗前就能辨别呢？

图2-10 刘秉华在麦田工作
（中国农业科学院作物科学研究所 提供）

1989年5月的一天，刘秉华像往常一样简单吃了点午饭，就来到试验田一株一株地检查。突然，他的手停下来，托在他手上的这株小麦，矮秆且雄性特征完全败去。在培育了8785株小麦后，他终于选到了1株"又矮又败"的小麦。

此后，太谷核不育小麦有了一个接地气的名字——矮败小麦。矮败小麦继承了太谷核不育小麦雄性败育彻底、不育性稳定、异交结实率高的优点，同时减少了鉴定的大量劳动，还避免了轮选群体株高逐渐升高的弊端，是小麦新品种的"加工厂"和"孵化器"。

矮败小麦只是一个工具和方法，让矮败小麦服务育种工作，拿出过硬的小麦品种才是最终目的。2006年5月，国家矮败小麦育种技术创新中心在河南新乡正式成立。在这里，矮败小麦事业迎来高速发展。

不同遗传背景的矮败小麦，被组成了遗传基础丰富的轮回选择基础群体，一套方便实用的轮回选择新技术以及包含高产、优质、多抗等类型基因的动态基因库也随之建成了。"十五"期间，我国利用矮败小麦育种平台共选育出10多个省级以上审定的优良小麦品种，累计推广100多万公顷，创造经济效益15亿元以上。

2011年1月，全国科技表彰大会在北京召开，倾注了无数科技工作者心血的"矮败小麦及其高效育种方法的创建与应用"，荣获2010年度国家科学技术进步奖一等奖。这项成果还被"绿色革命之父"、诺贝尔奖获得者布劳格博士誉为"小麦育种的革命"。

（三）偃麦草和小麦结亲

"离离原上草，一岁一枯荣。野火烧不尽，春风吹又生。"这首古诗表现了野草生命力的旺盛。那么，如何让小麦种子拥有如野草一样的生命力，抗病性、抗逆性更强？

李振声开始琢磨这个问题了。

1951年，李振声毕业于山东农学院农学系，被分配到中国科学院北京遗传选种实验馆工作。1956年，在国家支援大西北的召唤下，李振声来到了大西北远离都市的偏僻小镇杨陵，在中国科学院西北农业生物研究所工作。

图2-11 李振声院士（右一）、赵洪璋院士（左一）与同行专家在小麦田里考察（西北农林科技大学档案馆 提供）

李振声到陕当年，我国农业经历了历史上最严重的小麦条锈病大流行。这种病害对小麦产量影响巨大，甚至导致绝收。25岁的李振声默默下定决心，要为农民培育出优良的抗病小麦品种。

他认为仅依靠小麦种内的资源是很难育成持久的抗病品种的。结合他之前从事过牧草相关研究的经历，他发现某系偃麦草从不感染条锈病。他萌生了一个大胆的想法：偃麦草的抗病基因通过杂交转移给小麦，进行远缘"结亲"，可能会获得一个惊喜。

可是，偃麦草和小麦是"远亲"，杂交要面临许多困难，如花期不同步、不能够授粉等等，还有杂种不育和后代"疯狂分离"的难题，甚至这些种子会不会像驴马杂交生的骡子一样产生不育的后果，后代失去小麦特征，越来越接近草。

李振声没有退缩，科学就是要向未知要答案。

1964年，育种工作的第8个年头，小麦成熟期到了，李振声像往常一样仔细检查试验田，猛然发现一株材料叶片金黄，颗粒饱满，这就是继承了偃麦草和小麦优良性状的理想后代，后来这株小麦被冠名"小偃"。虽然取得了初步成功，但是他知道还没到庆祝的时候，依旧日复一日地进行观察筛选，一干就是20年。

从青丝到白头，在无数次的试验和失败后，20世纪80年代中期，他带领课题组成功育成小偃麦八倍体、异附加系、异代换系、易位系和小偃4号、小偃5号、小偃6号、小偃54号、小偃81号等小偃系列小麦新品种并迅速推广，其中仅小偃6号就累计推广1.5亿亩，增产粮食40亿公斤。小偃系列衍生良种70多个，累计推广面积大约在3亿亩以上，增产小麦超过了75亿公斤。

由于小偃系列抗病性强、产量高、品质好，一时，"要吃面，种小偃"的民谣广为流传。

图2-12 李振声院士（右二）和课题组成员陈淑阳研究员（左一）、钟冠昌研究员（左二）、李璋研究员（右一）在试验田观察小麦（西北农林科技大学档案馆 提供）

为解决远缘杂交的三道难关，李振声决定开始染色体工程育种研究，他在世界上首创了一套全新的育种方法——小麦缺体回交法，大大缩短了杂交育种时间。

"你的工作恐怕要让我失业了！因为你只需看种子颜色就知道染色体数目了。"美国著名遗传学家西尔斯实验室的科研人员无奈又钦佩地说。15个国家的专家学者对这项科研成果给予极高评价："如果说西尔斯50年代开创了染色体基因定位的可能性，那么李先生则在80年代开创了染色体工程（缺体）育种的可能性。"

20世纪末，西方国家对中国的粮食生产普遍存在着一种"担忧"，美国人莱斯特·布朗的《谁来养活中国？》一书，更是在世界上引起巨大反响。

图2-13 李振声院士和他的小偃6号小麦
（西北农林科技大学档案馆 提供）

2005年4月，在亚洲博鳌论坛上，李振声通过大量的数据郑重驳斥了莱斯特·布朗的观点，庄严宣布："我们认为应该将这些真实情况告诉世界，中国人能养活自己。现在如此，将来我们凭着中国正确的政策和科技、经济的发展，也必然能够自己养活自己！"回应他的，是顷刻响起的雷鸣般的掌声。这一年年底，世界粮食计划署正式宣布停止对华粮食援助的限制。

2007年2月27日，北京人民大会堂。时任中共中央总书记、国家主席胡锦涛向获得2006年度国家最高科学技术奖的小麦遗传育种学家李振声颁发了奖励证书，并同他亲切握手。

李振声被誉为"中国小麦远缘杂交之父"，他培养了一批远缘杂交小麦研究事业的后来者，令小偃育种队伍得以发扬光大、赓续不断。

（四）推陈出新育良种

小麦作为我国第二大粮食作物，吸引了一大批科学家进行研究，老一代的科学家金善宝、庄巧生、卢良恕是这样，新一代薪火传承，不断推陈出新。学习新技术，让小麦种子更高产、更优质、更多抗，成为一代代、一批批小麦育种工作者的执着追求和奋斗目标。

出生在江南鱼米之乡、奉献在西北黄土高原的小麦育种老功臣宁锟研究员，在奋斗不辍的20年里共主持选育了10多个小麦新品种，其中陕农7859在陕西和黄淮麦区6年推广4800万亩，分别荣获国家科技进步奖一等奖；选育的陕229自1993年起推动了陕西第五次品种大更换，成为当时陕西省最大的主栽小麦品种和苏北的主栽品种，累计推广面积5000万亩，分别获陕西省科学技术进步奖一等奖，国家科学技术进步奖三等奖。

在李振声的小偃6号等品种之后，他的传承者李璋研究员培育的小偃22再次受到群众的钟爱。国审小麦小偃22成为继小偃6号之后又一标志性品种，自2000年起，连续18年为陕西省第一大主栽品种和省区试对照品种，是陕西省小麦第六次更新换代的骨干品种，年种植面积300万～600万亩，对保障国家粮食安全，促进农民增收，提高人民生活水平作出了重大贡献。

"旱塬小麦创奇迹，吃粮想着梁增基。"这句民谣说的就是我国著名旱区小麦育种专家、咸阳市长武县农业技术推广中心的梁增基研究员。50多个春夏秋冬，两万个日日夜夜，他艰辛地走出了一条从无到有、由低到高的创新之路，培育出了国审的秦麦4号、长武134、长旱58，省审7125、702、长武131等小麦品种，推广过亿亩，增产逾25亿公斤，增加经济效益40亿元以上。

怀揣报国初心，高考时完全可以报考清华、北大的赵瑜研究员，毅然决定学农，他以第一志愿考入北京农业大学，在大学毕业时放弃留校，来到了陕西，守望麦田半个多世纪，为人民奉献了武字号小麦系列良种——武农132、武农99、武农113、武农148、武农986，如今80多岁的他仍奋斗在一生挚爱的麦田。

为让国人吃上优质强筋小麦，年过七旬、坚守麦田40余年的"三秦楷模"王辉教授至今仍活跃在试验麦田里。他先后主持育成了11个小麦新品

图2-14　退而不休的王辉教授在小麦田里观察
（西北农林科技大学档案馆　提供）

种，累计推广面积1.5亿多亩，累计社会增效近百亿元，特别是历时18年选育成功的西农979，实现了优质高产、半冬早熟、多抗广适等性状的良好结合，农业部连续6年推荐为黄淮海麦区主导小麦品种。2005年，西农979通过国家品种审定，累计种植面积近亿亩。

赵洪璋教授的学生、河南农业科学院小麦研究所所长许为钢，主持育成郑麦系列优质强筋小麦品种，其中郑麦9023是我国优质强筋小麦品种遗传改良和生产应用的标志性品种，年最大种植面积达到2980万亩，2003—2008年连续6年种植面积居我国小麦品种第一位，累计种植面积2.5亿亩，连续12年被农业部列为我国小麦生产的主导品种，并实现我国食用小麦出口零的突破。

2018年5月4日，由吉万全教授培育成功的优质强筋、多抗广适西农511小麦新品种通过国家农作物品种审定委员会审定。这是吉万全教授自2017年通过国审的西农529小麦新品种之后，育成的又一个小麦优良新品种。由于西农511优良的田间表现，新品种技术转让费高达455万元，成为西农品种转让费最高的一项成果。

奋斗正未有穷期。"十九大报告勾画了中国农业未来发展的前景。作为一名小麦育种工作者，要围绕着供给侧改革和绿色发展的要求开展远缘杂交抗病基因的多元化、优质种源的多元化品种选育，培育出既优质抗病，又广适高产的绿色品种，为提高广大城乡人民生活水平和实现乡村振兴贡献自己的力量！"吉万全教授说。

要培育一个高产优质的新品种，有时要历经数十年，而有一些关键技术能大大提高育种效率、缩短育种时间。为了让人们吃上营养丰富的面食，众多科研人员前赴后继，数年的轮回突破了一个个关键技术，为了麦田的丰收，为了百姓的饭碗，他们一直奋斗在路上。

三、黄淮海平原夺高产

导语： 历史上的黄淮海平原，因地势低洼，加上季节性气候的影响，饱受旱涝盐碱沙薄的危害，农业生产长期低而不稳，每年要吃掉国家10多亿斤的返销粮。

1988年，政府作出了开发黄淮海平原的部署，在国务院国家土地开发建设基金管理领导小组（后改名为国家农业综合开发领导小组）的领导下，204个单位的1121名科研人员联合起来，对盐碱沙薄地的治理范围达32万平方公里，耕地面积1800万公顷。多年后，李振声总结，"多兵种、大联合、点片面、长期干的精神"，就是大家传颂的"黄淮海精神"。据1993年的统计资料显示，我国粮食从8000亿斤增长到9000亿斤时，黄淮海地区增产了504.8亿斤，占全国粮食总增量的一半。

"黄淮海平原中低产地区综合治理的研究与开发"项目获1993年度国家科技进步奖特等奖。这场"农业科技黄淮海战役"是我国历史上最大的一次农业科技大会战，在世界上史无前例，被誉为中国农业的"两弹一星"。

（一）"搞点"备战黄淮海

接近德国国土面积的黄淮海平原，自然地理条件复杂，盐碱地、沙荒地、涝洼地等纵横交错，黄淮海科技战役该如何打？

综合治理盐碱地01　综合治理盐碱地02

农业战线有一种最常用的工作方法，就是"搞点"，也有基点、基地、样板、试验区之类的叫法，如粮棉油的高产样板，改土治碱试验区等。书记有书记的点，科研单位有科研单位的点，省地县乡村也有自己的点，可谓是"八仙过海，各显神通"，如果一个点上取得成绩和经验，就可以召开现场会推而广之。

图2-15 民兵连施工队在挖五支渠（中国农业大学 提供）

自20世纪50年代末，黄淮海平原土壤次生盐渍化开始大面积发生。1973年秋天，国家科学技术委员会决定在河北黑龙港地区，围绕地下水开发和旱涝盐碱综合治理组织科学会战。中央及各省有关部门在这里设立了很多盐碱地改良试验点，以求治理之道。

黄淮海平原旱涝盐碱治理试验基地有50多处，其中水利部门10处、农业部门6处，其他多为地方基点。这些基点在地理条件、治理重点、设置时间、规模大小、采用方法、技术含量等方面参差不齐、差别很大，但都作出了他们的努力与贡献，是黄淮海平原综合治理旱涝盐碱地早期的一批"星星火种"。

经过三次整编入列，1983年，在黄淮海科技战役中形成了12个试验区，是改变黄淮海平原旱涝盐碱、多灾低产面貌的12支主力部队，也是绽放在黄淮海平原上的12朵科技之花。

图 2-16 四年治理期结束时，试验区的沟渠林路与田块已经成型，不再是过去的盐碱滩了（中国农业大学 提供）

它们分别是：第一批被整编入列的中央单位建立的河北曲周试验区、山东陵县试验区、河南商丘试验区和河南新乡人民胜利渠试验区；第二批有1979年重新组建的山东禹城试验区、河北南皮乌马营试验区和江苏睢宁试验区，以及1979年新建的山东寿光和安徽蒙城试验区；第三批整编入列的是1983年组建的河南封丘、河南开封和河北吴桥试验区。

12个试验区见证了12支科技队伍建区和创业的历史与故事，留有他们艰苦拼搏和不屈不挠的足迹、甘于奉献和勇于牺牲的精神，以及他们结下的累累科技硕果。在黄淮海平原旱涝盐碱灾害逐渐消减、粮食和农业产量日增的今天，我们更不应当忘记这12支科技队伍的功绩。

可以说，每个试验区都是中低产田综合治理与开发的"小雪球"，它们先是在黄淮海平原上越滚越大，继而黄淮海这个"大雪球"在全国越滚越大，被称为"黄淮海效应"。

试验区里一锹一锹地挖土，一批一批地数据测试，如同一片片滚动的雪花，聚成了一个个科技"小雪球"，促使黄淮海平原中低产田治理区第一个进入《1978—1985年全国科技发展规划》；正是因为黄淮海平原治理的显著成效，使1983年开始的"六五"国家科技攻关计划中新增了松嫩—三江平原、1986年开始的"七五"攻关中新增了黄土高原和北方旱地、"八五"攻关再增南方红黄壤丘陵区，在全国形成了以黄淮海平原为"龙头"的五大中低产田综合治理区。

黄淮海平原是中原腹地，自然条件复杂，一度农业凋敝、农民饱受低产之苦，好在中央与社会的目光被吸引到了这片贫瘠而又多难的土地上来。一支较强的农业科技队伍的参与，给这片土地打下了较好的工作基础，所以在当年的全国区域综合治理中一直冲锋在前，引领各地发展。

如果说中低产田综合治理的"雪球"在国家科技攻关层面上，由黄淮海平原滚动到五大区是黄淮海效应的一级放大的话，那么进入国民经济建设计划层面，更大规模地推进区域治理与开发，则是黄淮海效应的二级放大。

1987年，一个由13人组成的检查组对12个试验区和6个关键超前技术专题进行了历时25天的现场检查。1987年12月，在现场检查工作和掌握前线战况的基础上，召开了"黄淮海课题科技攻关1988年工作会议"，除了18个专题组汇报工作以外，会议重点讨论了1988年的攻关工作。这时候提出了一个重大和带全局性的问题，即在中共十一届三中全会关于农业问题的决议和5个1号文件的指引下，在全国和黄淮海平原的农业形势发生深刻变化的情况下，需要对黄淮海平原的战略地位进行再认识。

（二）粮食生产徘徊不前

1978年，我国实行土地联产承包责任制以后，粮食生产连续6年持续快速增长。到1985年，全国粮食总产从6095亿斤增长到8146亿斤，人均粮食从633斤增长到781斤，初步解决了温饱问题。但是，在1985年以后，连续三年出现了粮食生产徘徊不前的情况。

这三年的粮食总产分别为7582亿斤、8060亿斤、7830亿斤。以1984年为标准计算，三年合计减产965亿斤。而这三年人口却持续快速增长，分别增长了1500万人、1656万人、1793万人，合计增长4949万人。

此时的全国改革重点开始转向城市。经济迅速发展，对粮食与农产品需求剧增，而早期的农业政策效应渐渐减弱，被占用的耕地面积大增，农业基础设施老化失修，农业增长后劲严重不足，国家面临着改革开放新形势下出现的更加严峻和深刻的粮食和农产品供应危机。

如何解决粮食产量三年徘徊不前的问题成为当时各级人民政府关注的焦点。

此时，黄淮海试验区的成果再一次证明，中低产田综合治理是提高粮食和农产品产量的一条有效而较快的途径。中国农业专家们急国家之所急，就如何解决该问题向政府提出了具体建议，其要点如下：

第一，黄淮海地区有80％的土地为中低产田，具有很大的增产潜力。以中国科学院在河南省封丘县的盐碱地治理为例，其"万亩试验方"治理前粮食亩产只有几十斤，而治理后亩产达到1000斤左右，比当时新乡地区的平均亩产400斤高1倍以上。从封丘县的粮食总产看，治理前全县每年吃国家返销粮7000万斤，治理后给国家贡献13000万斤，正负相加全县每年增产粮食2亿斤。

第二，中低产田投资少、见效快、效益大。以中国科学院在山东禹城实验基地的"沙河洼"治理效果为例，治理投资18万元，实施一年后回收20万元；再如安徽省蒙城县利用世界银行贷款治理中低产田的效果，治理贷款的还款期为15年，而实际上3年就收回了成本，资金还可滚动使用。

第三，黄淮海地区中低产田治理可带动全国粮食增产。中国科学院农业专家组的分析与估算结果是黄淮海地区有500个县，按每县增产粮食1亿斤计算，合计500亿斤；东北地区的增产潜力是300亿斤，西部地区100亿斤，南方地区100亿斤，全国总计1000亿斤。这样就形成了全国粮食从

8000亿斤增长到9000亿斤的轮廓建议方案。

经过三个月的调查研究，中国科学院领导决定一方面积极向政府提出建议；另一方面积极组织本院25个研究所的400名科技人员（其中包括百余名高级研究人员）投入冀鲁豫皖4省的农业主战场，与地方政府联合，与兄弟单位合作，开展大规模中低产田治理工作。

工作地点分布在5个专区（德州、聊城、惠民、菏泽、沧州）、3个市（新乡、濮阳、东营）和4个县（淮北地区的涡阳、怀远、亳州、蒙城），其中包括盐碱地与沙地约1000万亩，涝洼地590万亩，砂姜黑土地560万亩。为了将工作落到实处，由中国科学院与冀、鲁、豫、皖4省政府分别正式签订了合作协议，上报国务院。

在中国科学院的科技人员下乡前，中国科学院周光召院长主持召开了动员大会。会后，《人民日报》于1988年2月22日在头版头条以《中国科学院决定投入精兵强将打翻身仗——农业科技'黄淮海战役'将揭序幕》为题作了专题报道。

1988年5月24日，当时的国务委员兼国务院秘书长陈俊生同志亲自带领考察组赴禹城考察，向国务院写了报告，对黄淮海试验区的成果给予了肯定的评价。

时任国务院总理李鹏在带领十几位部长对黄淮海地区进行全面考察后，于1988年6月17—18日到达禹城视察并进行总结。他在视察中国科学院兰州沙漠研究所负责的"沙河洼"的治理效果后写下了"沙漠变绿洲，科学夺丰收"的题词。到禹城视察整个试验区后又写下了"为开发黄淮海平原作出更大的贡献"的题词。当时在禹城工作的有中国科学院5个研究所（地理研究所、南京地理与湖泊研究所、兰州沙漠研究所、遗传研究所和长沙农业现代化研究所）和中国农业科学院的1个土壤研究所。

国务院非常重视黄淮海地区的农业发展，及时制定和出台了《1988—2000年农业区域综合开发计划》。该计划确定以黄淮海平原、松辽平原、三江平原、黄河河套灌区、河西走廊、湘南、赣西南以及沿海滩涂等10大片作为重点农业综合开发区，涉及20个省市3.8亿人口、4.7亿亩耕地，集中科技力量和资金进行全面治理和开发。

1988年，国务院设立了土地开发建设专项基金（后改为农业综合开发资金），并成立了黄淮海农业综合开发领导小组，一场史无前例的有组织、有计划的大规模农业综合开发的序幕在全国拉开。这对20世纪末我国粮食总产上5亿吨台阶，结束我国千百年缺粮的历史作出了重要贡献。

（三）"治不好盐碱地，我们不走"

1973年，当石元春、辛德惠带领10多名北京农业大学的教师来到河北省曲周县张庄时，迎接他们的只是一片片荒地。

"收麦不动镰，打麦不用场"，地面稀稀拉拉的几株麦子，用手一拔，拿回来用鞋底一搓，种一葫芦收一瓢。

听说农大老师要来治碱，张庄的党支部书记跑过来伸着脖子悄声问道："你们说句心里话，打算待多久？"辛德惠说："如果张庄的盐碱地治不好，我们就

图2-17　北京农大（现中国农大）进驻张庄后的早期住房（中国农业大学　提供）

不回北京了。就是死后，也埋在张庄的盐碱地里。"

说罢，这些平时文绉绉的先生们都挽起裤腿，和张庄的农民一起下地挖沟、打井。在艰苦的环境下，他们一心一意地研究着改土治碱。

400亩盐碱地第二年就起了变化。1975年，地上密密麻麻长出了麦子。农民们看到这种情景，也开始树立起了治碱的信心，治碱面积一下子扩大到4000亩。绿油油的麦田引得四周农民像赶集一样前来围观。

辛德惠常年奔波于农业生产第一线，惜时如金，以至于坐卧行走都在思考问题。为了解决曲周盐碱地问题，他倾注了毕生的心血，乃至献出了生命。

在黄淮海的综合开发中，辛德惠一个县一个县地深入了解情况，推广科技成果，和当地的干部群众产生了深厚的感情。然而，他却没有足够的时间来关心自己和家庭。

1986年12月初的一天，他正在与曲周县领导商谈外资项目和试验区的工作，突

图2-18　石元春（左）和辛德惠（右）在居住多年的张庄房间外的合影（中国农业大学　提供）

然感到胸部不适，但他一直坚持到下午5点多会议开完才让人送他到县医院，被确诊为大面积心肌梗死。住院期间，辛德惠把医院当成了办公室，全然没把严重的病情当一回事，在病床上修改研究生论文、指导研究生，向前来慰问的农民了解情况……他有一句常挂在嘴边的话："活着干，死了算。"

要出院了，医生反复叮咛："半年内，你一定不能劳累，否则会出危

险。"然而，出院后，他依然奔波在北京—石家庄—邯郸—曲周的路上。

1987年，他的妻子患癌症住进了医院。可是，即使在病房里陪护，他还是不能放下手中的工作。当医院发出了病危通知书时，他还顶着精神压力和自己的助手讨论课题。妻子去世后的第二天，前来慰问的同志走进他的家中，他还在写着"八五"攻关课题。追悼会开完后，他忍着悲痛又赶去参加一个接一个的科研工作会议。

他在曲周下乡的27个年头中，有一年他在那里整整待了320天。他带领科技人员在盐碱地上苦斗，终于使曲周摆脱了贫困，成了黄淮海治理盐碱地的样板。

1999年5月，辛德惠院士在赴宁波考察松材线虫灾情的路上心脏病突发，离开了人世。辛德惠去世的消息传到曲周县，300多位农民含泪跑到县委，要求去北京为他送别。他们说："他的心脏病是为俺曲周得的啊。"

像辛德惠院士这样的黄淮海科学家不胜枚举，曲周精神也只是黄淮海精神的一个缩影。

历史告诉未来

（四）黄淮海精神成就大奖

1990年是黄淮海战役彰显收获的季节，也是最忙碌的季节，黄淮海科技攻关作战指挥部和18支作战部队都在忙着验收与鉴定。

这时的12个试验区，如同黄淮海平原上的12颗明珠，披上了节日盛装。

河北曲周试验区通过水盐运动的科学调节与管理，旱涝盐碱已悄然遁去，粮食亩产早已过千斤，棉、油、牧收入大幅增长。其间，重要学术成就"半湿润季风气候区水盐运动理论"的提出，揭示了黄淮海平原旱涝盐碱共存和交相为害的十分复杂的自然现象。

河北南皮试验区提出了适用于浅层地下咸水和重盐渍化地区综合治理与开发的"抽咸换淡，走发展人工牧草，开发新型非蛋白氮饲料的农牧结合道路"及其技术体系。

河北龙王河试验区提出了适用于缺乏地表水、浅层地下咸水和重盐渍化地区综合治理与开发的"四水转化（大气降水、地表水、地下水、土壤水）与低产田高产"的配套技术体系，绽放了吨粮田高产技术的绚丽花朵。

山东禹城试验区提出了适用于河间浅平洼地盐渍类型地区的以生态学原理和系统工程方法，针对风沙危害严重的沙河洼、封闭型季节性积水的辛店洼、盐沙薄的北丘洼"三大片"提出了不同综合治理与发展模式。

山东陵县试验区提出了适用于背河洼地等涝洼盐渍地区综合治理与开发的"提灌提排水利工程和培肥改土、农牧结合"的配套技术体系。

山东寿光试验区提出了适用于约4000万亩高矿化地下水型滨海盐土的生态系统，分层次综合开发利用的"农盐牧结合模式"，获得了国家技术发明奖二等奖。

河南商丘试验区提出了适合于古黄河背河盐渍洼地类型综合治理与开发的"灌排工程模式"与"农水结合的节水农业"技术体系，取得了出色的生态、经济和社会三效益。

河南封丘试验区提出了适用于黄河泛滥改道堆积平原综合治理与开发的"盐碱沙薄治理"和"二高一优（高产高效和优质）农业"技术体系，在32万亩的5个不同类型的综合治理示范区搞得有声有色。

河南开封试验区针对黄河决口遗留下的大面积黄泛沙地，提出了"经济先导，培肥改土"的技术体系，粮食和农业总产值分别增长了1.2倍和2.9

倍，带动了整个黄泛沙区的治理与开发。

河南人民胜利渠试验区，中国水科院针对黄淮海平原灌区普遍存在着工程不配套、疏于管理、效率不高的问题，在那里建立了一个灌区科学管理的示范样板。

江苏睢宁试验区提出了适用于苏北平原花碱土地区综合治理与开发的"调整农业结构和经济施肥与培肥"的技术体系，形成万亩试验区—26万亩示范区—睢宁宿迁两县的扩散机制与模式。

安徽蒙城试验区针对黄河古扇缘沼泽洼地在淮北平原遗留下的约4000万亩的砂姜黑土易旱易涝、土质黏重的问题，提出了"排涝防渍，改土高产"的综合治理与开发技术体系。

12个试验区累计面积21.7万亩，区内盐碱地面积下降了70%，林木覆盖率提高到14%～20%，1989年试验区粮食平均亩产527.7公斤，人均收入734.8元，分别比1985年增加了93%和56%。

369万亩示范区的粮食平均亩产411.6公斤，人均收入596元，分别比1985年增加了62%和107%。

724万亩扩散区的粮食亩产由250.5公斤提高到310公斤，5年累计平整土地471万亩、改良盐碱荒地190.3万亩，盐碱地面积由368.37万亩下降到148万亩。

由于科技攻关成果的及时推广，节约耕地14.2万亩、化肥3.7万吨、农业用电7.1亿度、农业用水63.1亿米^3。

1991年2月26日，《科技日报》头版头条以醒目的标题报道了黄淮海课题通过验收的消息。验收组在验收报告中写道："完成了课题各专题合同书的主要技术经济指标，12个试验区的面貌发生了重大变化。"

"完成了课题可行性论证报告中规定的各项专题的研究任务。"

"取得了116项研究成果，其中有两项达到国际领先水平，19项达到国际先进水平，45项居国内领先。5年来，在国内外学报和期刊发表论文448篇，向国家和地方政府提交或发表建设性咨询论证报告或建议76篇，在国际和国内都产生了较重大的影响。据不完全统计，5年来仅推广技术成果即达81项，累计推广面积1.08亿亩，获经济效益34亿元。"

课题验收完成后，农业部组织专家组进行了技术成果鉴定，给予了很高的评价："该项综合治理和开发研究总体设计合理，技术路线正确，方法先进，资料翔实，规模宏大。研究成果丰硕，综合性、针对性、实用性强。为黄淮海平原普遍开展综合治理和开发提供了先进实用的配套技术、可行的治理模式和关键性的重大超前成果。建立了具有巨大示范意义的12个综合治理开发样板，也为国家进一步开展其他类型地区的综合治理在组织管理方面提供了宝贵经验。经济效益、生态效益昂著。在理论上和关键技术上均有许多重大突破性进展，在国内外已产生重大影响，是农业科研领域中一项少有的大规模的综合性多学科重大成果，在同类研究中居国际领先水平。"

"黄淮海平原中低产地区综合治理的研究与开发"项目获得了1993年国家科技进步奖特等奖。国家科技攻关项目很多，何以黄淮海项目能成此大气候，产生如此深远的影响？石元春认为，此乃占天时、得地利、聚人和也。即"占"改革开放以及国家急切需要增产粮食和农民增收之"天时"；"得"黄淮海平原是我国重要农区和粮食生产潜力巨大之"地利"；更重要的是"聚"了一支有领导、有组织、多学科跨部门和指挥得力的科技大军，以及全体参战人员表现出的"为民奉献、拼搏进取、无私协作"的黄淮海精神，成就了这个科技攻关项目。

李振声曾经总结黄淮海地区中低产田治理成功的原因。

第一，靠的是老一代领导与科学家的远见卓识。20世纪60年代，就在黄淮海地区建立了旱、涝、碱地改良实验基地，没有当时的前瞻性部署，就不可能产生20年后的黄淮海中低产田治理项目建议。

第二，培养了一支能承担国家重大任务的科技队伍，他们长期坚持在第一线进行试验、示范和推广，积累了系统的数据、资料和经验。

第三，在关键时期，中国农业专家们想国家之所想，急国家之所急，及时向政府提出咨询建议，同时主动组织科技人员率先投入农业"黄淮海战役"，对全国产生了带动作用。

作为经验来总结，就是"对国民经济有重大影响而自己又能干的事，确实看准了就要先做起来，不要贻误时机；只要做好了，就会得到国家的认可"。李振声说。

四、让肉蛋奶更充足

导语：曾经拿着肉票排队买肉的日子已经一去不复返，肥猪膘日渐被大众"嫌弃"，瘦猪肉成了市场"宠儿"；曾经"坐月子"才能吃到的鸡蛋，已经是每日早餐的蛋白质来源；鸭子不仅撑起了烤鸭大业，鸭血粉丝、麻辣鸭脖和鸭翅等各种精致小吃也纷至沓来；牛奶也不再是稀罕物，早中晚想喝就喝，中国奶业也已走进世界前列。如此多的动物制品，在数十年我国人民对美好生活向往的催生中从无到有、从有到全，极大丰富了人们的餐桌。

"肉盘子"供应日益充足的背后，不仅有饲养水平的提升、加工工艺的改进、激励政策的出台，还有动物育种的不断进步。种子，是一个国家最根本的农业战略资源，对种质资源的保育不仅关系当前生产，更关系我国在国际上的长远安全。我国对粮棉油糖种质资源的保育工作开展较早，改革开放以来，猪鸡牛羊新品种研发也是热火朝天。数十年如一日，众多动物育种科研工作者朝着丰富百姓"肉盘子"的目标，不断努力着。

（一）生猪供应的"半壁江山"

我国是猪肉消费大国，据报道2017年人均消费猪肉39.5公斤，年消费量约占世界总量的一半。我国也是养猪大国，在非洲猪瘟发生之前，中国年生猪出栏量在7亿头左右，约占全球生猪出栏量的一半。作为餐桌上重要的肉食品，猪肉具有补虚强身、滋阴润燥、丰肌泽肤等作用。长期以来，猪肉都是备受国人欢迎的主要日常副食品。

值得一提的是，我国还是最早将野猪驯养为家猪的国家之一。在广西桂林甑皮岩墓葬中出土的家猪的猪牙和颌骨，距今已9000余年，这说明我国的养猪业已有近万年的历史。在《物种起源》一书中，达尔文就多次提到我国人民对猪的驯化、选择和保存作出了巨大的贡献。

如果说种子是农业的"芯片"，那么种猪就是生猪产业的"芯片"。国家生猪产业技术体系首席科学家陈瑶生曾说："育种是整个生猪生产链条中最塔尖上的一环，对我国生猪产业的发展起到了控制作用。"

生猪育种作为生猪养殖产业链的重要一环，是产业链中专业化程度最高、耗时最长、经济效益最持久的工作，也需要大量的资本投入。经过长期选育，我国生猪市场上也出现了很多优良品种，如国内曾选育出的荣昌猪、太湖猪、内江猪、杜湖猪，以及原产于国外被引进国内的大白猪、长白猪、杜洛克猪等。

早在20世纪70年代，毕业于湖北农学院（华中农业大学的前身）的熊远著就开始了"瘦肉猪"的选育。那个时候，猪肉严重匮乏，在武汉必须是城市居民户口，才能凭票供应每人每月半斤。每天卖肉的摊点寥寥无几，必须起得很早，甚至半夜去排队，才可能买到猪肉。所以那时最走俏的是肥肉，因为肥肉可以比同等重量的瘦肉提供更多的油水。

但熊远著根据世界猪种类型演变和市场需求变化的趋势，坚定地认为，将来人们的餐桌上需要更多的是瘦肉，因此产生了开展瘦肉猪育种工作的想法。培育瘦肉猪的想法还有另外一个原因。20世纪70年代，香港几乎是内地换取外汇的唯一市场，而生猪则是内地换取外汇的主要商品，当时每天都有从武汉发往香港的专列，称为"猪车"。香港人喜欢吃瘦肉，可内地运过去的猪肉瘦肉率低，白花花的肥肉上面顶着一点瘦肉，被叫做"丹顶鹤"，在香港市场上不受欢迎。

刚开始的选育工作并不顺利。熊远著想快速育成品种，但没有成功。熊远著和同事们重新设计完善选育方案，用杜洛克猪和湖北白猪杂交，最终选育出了瘦肉猪新品种"杜湖猪"。

瘦肉率高、质优味美的"杜湖猪"运抵香港后，一度引起轰动。湖北省也因有"东风车"和"杜湖猪"而在香港名噪一时。来自泰国、越南和菲律宾的竞争对手面对从天而降的"杜湖猪"，毫无招架之力，很快退出了市场。

据当时香港五丰行统计：1984年内地供港活大猪的良级率平均为15.52%，而"杜湖猪"为90%；1987年内地供港活大猪的良级率平均为25.15%，而"杜湖猪"为95.91%；每头"杜湖猪"比其他内地供港活大猪可多卖100港元以上。

1985年，"杜湖猪"获香港猪商会金杯奖。"杜湖猪"的选育及其配套技术1986年获湖北省科学技术进步奖一等奖，1988年获国家科学技术进步奖二等奖，并被列为国家"八五""九五"重大科技成果推广项目。在"杜湖猪"获得成功的基础上，熊远著团队又经过3年努力，成功培育出中国本土第一个高瘦肉率的猪母本新品种——湖北白猪及其品系。

种猪资源调查也是熊远著的重要工作。近20年间，他走遍了湖北省66个县市，

图2-19 熊远著院士在猪场调研、指导生产

（华中农业大学 提供）

并到华南、东北、西北各地调查，足迹踏遍了大半个中国的猪舍。最终，他主持完成了中国迄今为止最完整的一部《中国猪品种志》。

1999年，熊远著当选为中国工程院院士，为新中国成立后的首位养猪学院士。

老一辈的农业科学家为选育猪新品种，经常以猪舍为家，十数年专注于一件事，最终经过市场重重考验，才收获了认可和掌声。除了科研成果，这种不忘初心的艰苦奋斗精神更值得后来者学习。

华中农业大学的学者们继承并发扬了熊院士"功成不必在我"的时代精神，在产学研方面同时发力，不断突破，并携手地方企业共同进步。

广西扬翔股份有限公司是一家农牧行业龙头企业。2009年，华中农业大学与该公司在生物安全、生产管理、基因遗传、精准营养、环境控制等方面通力合作，在产学研领域取得了丰硕成果。十几年来，双方合作经历了"从推进猪场生物安全、饲料营养和人才培养的1.0版本，发展到实现养猪成本集约化合作的2.0版本，再到智能化养殖的3.0版本"，扬翔集团也随之从科学养猪阶段升级到数字养猪阶段，再进入互联网养猪阶段。

借助这些合作，校企双方联合实施了国家和广西壮族自治区8项重大科研项目，合作开展的多项科研项目获得2018年国家技术发明奖二等奖、2017年湖北省科学技术进步奖一等奖等。双方还联合申请发明专利4项，发表学术论文51篇，其中SCI论文24篇。扬翔集团也成功打造出生猪产业"芯片"，使育种效率提高30%以上，养殖收益提升10%以上，获得了极佳的经济效益和社会效益。

其实，在决定生猪经济效益的因素中，基因所发挥的作用比重最大，达到40%左右，其次是营养饲料和饲养管理。在营养饲料方面，我国的资本投入占比高达30％，饲养管理方面则和猪产业发达国家差不多，约占总资本投入的15％。

20世纪八九十年代，经济不发达，养猪很随意，喂猪的饲料大多是剩菜剩汤、烂菜叶子，夹杂一些麦麸、稻糠、甘薯和各种豆类等粗粮，基本是家里有什么就喂什么。随着社会经济发展，人们对猪肉的需求越来越高，除了养猪，猪的上下游产业链也变得"吃香"起来。

1993年12月，邵根伙博士辞去了北京农学院教师职务，于翌年10月创办了北京大北农饲料科技有限责任公司。作为主营业务的猪饲料成为站在风口上的"猪"，20多年后，大北农集团发展为国内规模最大的预混合饲料企业，2018年猪饲料产量达374.25万吨。2010年，大北农集团在深圳证券交易所挂牌上市，成为中国农牧行业上市公司中市值最高的农业高科技企业之一。

此外，值得一提的是，在猪养殖方面，中国生猪养殖企业盈利能力远高于美国！生猪养殖行业最核心的变量为猪价，猪价的周期波动决定了生猪养殖盈利也是周期波动的。中国自繁自养生猪头均盈利超过200元/头，约为美国生猪养殖头均盈利的2.8倍。

20世纪拿着刷锅水喂猪时，谁能想到猪产业也能成为农业中最赚钱的行业之一呢？猪肉是中国人"肉盘子"中最重要的组成部分，从拿着肉票排队买肉，到现在经过几代人的努力，猪肉终于从餐桌"稀客"变成了餐桌"常客"。

（二）蛋鸡改良引领市场

鸡蛋营养丰富，适合各年龄阶段的人群，是大众食品之一。我国是世上最大的鸡蛋生产国和消费国，蛋鸡饲养量长期位居世界第一。但我国蛋鸡品种长期依赖进口的局面和饲料紧缺的现状让鸡蛋生产时刻面临"卡脖子"的风险。

20世纪70年代，我国开始号召搞机械化养鸡，并在北京建起了第一个现代化养鸡场——红星鸡场。但从20世纪80年代到21世纪初，我国还没有自己的蛋鸡品种，需要从国外进口父母代和商品代蛋鸡，而且每隔1～2年就要重新引种。外国公司极少将祖代鸡售卖，偶尔出售的祖代鸡一套就高达近百万美元。而且用高价购买国外的祖代鸡，也大多是过时产品，难以在此基础上创新。

国外育种公司垄断我国蛋鸡种业，情况十分危险。赶上并且超过国外，必须要有"新招"。20世纪80年代，我国决定选育自己的蛋鸡配套品种，开始了蛋鸡育种国家科技攻关项目。"受到法国明星肉种鸡的启发，我认为通过杂交转基因的方法使肉鸡的矮小基因在蛋鸡中完整表达，最重要的一步就是矮小纯系的选育。"中国农业大学畜牧系动物遗传育种专家、中国科学院院士吴常信说。

对农大3号的选育工作开始于1990年。将其他品种类型鸡中的矮小基因通过回交的传统育种方式转入蛋鸡中新的矮小型蛋鸡品系，然后通过选育提高生产性能，培育出数量巨大的矮小节粮型商品鸡，是两条重要的技术路线。1996年，吴常信带领杨宁、宁中华、单崇浩、王庆民等人组建了包括60个家系2772只母鸡的0世代纯系，经过6个世代的选育，终于形成了一个生产性能稳定的纯系。1994年，农大3号节粮蛋鸡初步育成。

但吴常信发现，节粮又抗病的农大3号在市场上并不好

老骥伏枥——吴常信

卖。原因出在哪里？经过市场调查发现，人们喜欢吃个头大的鸡蛋，觉得这样营养才更丰富。而农大3号的蛋重只有56克左右，明显偏小。团队及时调整育种方向，到1999年时，蛋重达到了59克。

正当团队满怀信心将新品种推向市场时，却又扑了个空。市场风云变幻，消费者的需求向着好吃营养的"土鸡蛋""草鸡蛋"发展，这些鸡蛋最主要的外观特征就是个头小。团队没有气馁，再次调整育种方向，按照消费者的喜好，让鸡蛋的个头更小更好看，同时还培育出了外壳偏粉红色的粉壳蛋。事实证明，因为粉壳这一性状，每只母鸡就能增收3～6元。

小型、节粮、鸡蛋品质好，这是农大3号比国外蛋鸡品种更受市场欢迎的原因。农大3号的成年蛋鸡体重只有1.55公斤，比普通蛋鸡轻20%～25%，体高矮10厘米。在产蛋期，农大3号的日均采食量为90克左右，比普通蛋鸡少20%，饲料利用率更高。农大3号在一个产蛋周期中（72周龄），可节省8～10公斤饲料，超过了国际上优秀普通型蛋鸡的水平，这样我们可以利用有限的饲料资源生产更多的鸡蛋。

除此之外，农大3号还具有耐热、抗病力强（尤其抗马立克病）、粪便容易处理等特点，饲养农大3号可以获得更高的经济效益。虽然蛋重比普通型少3克左右，但蛋黄比例比普通鸡蛋高10%，破蛋率、畸形蛋和软壳蛋比例都明显低于普通鸡蛋，因此每500克鸡蛋售价比大蛋高0.1～0.5元。此外，普通蛋鸡手工喂料通常三层笼养，饲养农大3号可以把每层鸡笼高度降低，改为四层笼养，饲养密度可提高25%～30%。经中国农业科学院农业经济研究所测算，仅节省饲料一项，按鸡蛋价格相同的情况计算，即使每只鸡少产蛋1～1.2公斤，仍然可以增加经济效益9.22元。

图2-20 普通型蛋鸡和矮小型
蛋鸡的对比

图2-21 农大3号节粮蛋鸡的日常饲养（中国农业大学 提供）

农大3号是我国独有的特色品种，适合笼养、平养和生态放养，已经推广到全国28个省（自治区、直辖市），到2018年已累计推广8.82亿只。同时，蛋鸡饲养还带动了养鸡设备、鸡蛋加工、鸡饲料等产业的发展，间接经济效益超过50亿元。

"畜禽品种培育的最终目的是使其在生产中得以推广应用。"吴常信说。北京郊区农民吴军伶身患残疾，同时还是两个孩子的妈妈，生活十分艰难。2007年，她在专家帮助下开始饲养农大3号。通过短短几年时间，她不仅自己脱贫致富，还成立了养鸡合作社，蛋鸡饲养量达到1万多只，带领许多残疾人通过养鸡脱贫致富。

（三）北京烤鸭创新研发

根据《吴地记》记载，早在公元前500年的春秋战国时期，吴王夫差就在吴国大规模发展养鸭。我国是驯养鸭子最早的国家，比欧洲早约1000年，很多地区自古以来就有食用鸭肉、鸭蛋的习惯。

北京烤鸭、"两广"地区的烧鸭在制作过程中需要烤制，因此要求鸭屠宰后的胴体原料皮下脂肪厚；而咸水鸭、卤鸭、酱鸭等则需要皮薄、胸腿肉率高的肉鸭类型。我国传统的北京鸭品种因生长速度快、皮脂率高，一直是加工北京烤鸭、烧鸭的优质原料，而用于制作咸水鸭、卤鸭、酱鸭等食品的传统品种过去一直是麻鸭。

樱桃谷鸭是英国樱桃谷农场利用我国北京鸭，经过纯系选育形成的配套系鸭种，于20世纪80年代中期被引入我国市场。由于生长速度快、瘦肉率高、皮脂率低，樱桃谷鸭很快占领了我国瘦肉型肉鸭市场。樱桃谷农场每年从我国市场获得上亿元的巨额利润，购买种鸭的高额费用给我国肉鸭养殖企业带来巨大的压力，也造成了我国麻鸭市场的大量萎缩。

根据业内计算，我国咸水鸭、卤鸭、酱鸭等消费市场巨大，每年约有

30 亿只的消费量。尽管在品质和口感方面，用樱桃谷鸭制作咸水鸭、卤鸭、酱鸭等食品比麻鸭逊色不少，特别是皮脂率较高、皮脂厚，但由于其生长期更短，养殖成本更低，樱桃谷鸭备受养殖户青睐。

"我们希望培育出一个能够在养殖户对生产成本的要求和消费者对肉质、口感的要求之间找到平衡的肉鸭品种。一旦培育成功，就能与樱桃谷鸭竞争。"中国农业科学院北京畜牧兽医研究所研究员侯水生说，"肉鸭育种的总目标就是培育优质新品种，打破外国公司的垄断，满足市场对瘦肉型肉鸭品种、烤鸭专用（肥胖型）北京鸭的需要。"

中国农业科学院北京畜牧兽医研究所在肉鸭育种方面有30余年的研究历史。如果从2000年正式接管种鸭场算起，2018年是侯水生专注于北京鸭育种与营养研究的第19年。针对"北京鸭多数来自英国"这个问题，侯水生带领科研团队围绕北京鸭遗传育种技术创新开展了大量工作。

与蛋鸡育种方式类似，肉鸭育种采取的也是四系配套选育方式。配套系育种是我国开展畜禽育种工作的主要方式。家禽配套系是指以数组专门化品系（多为3或4个品系为一组）为亲本，通过杂交组合试验筛选出其中的一个组作为"最佳"杂交模式，再依此模式进行配套杂交所产生的商品家禽。

侯水生带领北京鸭创新团队开展了鸭脖性状的变异性研究、鸭基因功能定位研究，研发了北京鸭RFI的选种技术、超声波活体快速测定北京鸭胸肉厚度技术；创建了肉鸭"剩余饲料采食量"选择技术，显著降低了选育群体肉鸭的RFI和皮脂率；深入研究了北京鸭抗小鸭肝炎病毒或易感染小鸭肝炎病毒的遗传机制，成功培育了抗甲肝病毒3型肉鸭专门化新品系。

经过长达30年的努力，侯水生团队成功培育了23个具有不同生产性能特点的北京鸭专门化品系，并以这些品系为素材育成极具市场竞争力的新品种——Z型北京鸭。之后，他们又培育出了南口1号北京鸭。与原始北京鸭比较，两个新品种的饲养期均缩短了21天，而体重分别增加466克和836克；料重比分别降低了35.4%～40.5%和29.1%～34.7%。2006年，Z型北京鸭通过了国家畜禽新品种审定，获得了国家级新品种证书。2013年"北京鸭新品种培育与养殖技术研究应用"获国家科学技术进步奖二等奖；2017年，为表彰侯水生在水禽领域作出的突出贡献，他被授予首届全国创新争先奖。

侯水生心里十分清楚，推动肉鸭产业发展才是肉鸭品种创制研究的最终目的。他联合企业，建立了"院企联合"育种模式。他说："企业有市场优势和资金优势，我们有技术优势和人才优势，这两方面的结合非常重要。"

北京鸭创新团队与内蒙古塞飞亚集团公司（以下简称"塞飞亚"）的合作始于2012年。中国农业科学院畜牧所负责提供种源、技术，塞飞亚投资建设育种场和实验基地。经过6年多的密切合作，历经7个世代的选育，草原鸭42天体重可达到3.4公斤以上，耗料增重比仅为1.9∶1，皮脂率低于22%，胸腿肉率达25%。通过对30886只草原鸭和37581只国外肉鸭品种进行的对比试验发现，草原鸭生长速度更快、饲料转化效率更高、皮脂率更低，主要生产性能指标均达到并部分超过了国外肉鸭品种。

2014年开始，塞飞亚尝试用自主培育品种部分替换樱桃谷鸭，到2016年已全部替换完成。根据塞飞亚计算，3年来，仅引种费用一项，企业就节约了1亿元；通过对养殖户的调查发现，饲养草原鸭比饲养樱桃谷鸭可提高5%以上的净利润，效益可观，在我国肉鸭市场极具竞争力。

2018年7月10日，由侯水生带领的北京鸭创新团队与内蒙古塞飞亚集团公司合作选育的"中畜草原白羽肉鸭新品种（配套系）"（草原鸭）通过国家畜禽品种资源委员会审定，我国自主培育的白羽肉鸭品种行列又添新成

草原鸭原种选育

员。目前，"草原鸭"产品已经出口到日本、韩国等国，被誉为鸭肉中的"神户牛肉"。

我国每年鸭饲料的生产量维持在 3500 万吨左右，但是肉鸭营养研究落后，肉鸭饲养数据缺乏，造成鸭生长迟缓和饲料资源的巨大浪费。面对行业的现实需求，侯水生率领团队通过研究不同生理阶段肉鸭和种鸭的能量、蛋白质、钙、磷、多种氨基酸与维生素需要量等数据，建立了科学的鸭饲料营养价值评价技术，系统评价了我国 40 种鸭常用饲料的营养价值，并在此基础上制定了我国第一部《肉鸭饲养标准》。这部标准系统介绍了不同生理阶段肉鸭和种鸭的能量、蛋白质、钙、磷、多种氨基酸与维生素需要量等数据，兼具科学性与实用性。目前国内多家大型鸭饲料、养殖企业每年依据该标准生产的鸭配合饲料量超过 1000 万吨。

北京鸭新品种已经推广到山东、江苏、内蒙古、辽宁、黑龙江等地，2019年推广量达到 12.11 亿只，约占全国市场的 35%。中国肉鸭实现了从无到有的突破，彻底打破了国外品种垄断，极大地提高了产业的国际竞争力。侯水生常常自豪地拍着胸脯说："中国市场的鸭子，三只里就有我们培育的一只。"

畜牧业关系千家万户、国计民生，解决农村就业和农民致富离不开畜牧业发展，国民经济发展和社会稳定也离不开畜牧业创新。2020 年中央经济工作会议指出，要解决好种子问题，打一场"种业翻身仗"。近年来，我国有众多畜禽品种通过国家畜禽遗传资源委员会审定，很多科研机构、企业越来越积极地参与育种工作。这些新品种不仅丰富了我国本土畜禽品种大家庭，而且还为后来的选育工作奠定了基础、坚定了信心。中国将从种畜进口国转为出口国，中国人的"肉盘子"品种将更丰富、口味将更多样、质量将更有保障。

图2-22　侯水生北京鸭创新团队（中国农业科学院　提供）

（四）确保牛奶更安全

新中国成立初期，牛奶称得上是奢侈品。当时，我国人均奶类占有量0.4公斤，也就是说，1949年一个人一年的奶类占有量还不及现在的两袋牛奶。鉴于牛奶供应一度严格执行"凭票定量、定点供应"的缘故，很多买不到牛奶的人甚至把奶糖当做牛奶的替补品。牛奶的紧缺情况一直持续到20世纪80年代初期。

1.我国主要奶牛品种

牛奶好不好，奶牛很重要。奶牛品种的好坏直接影响着牛奶的产量和质量。据调查，1949年全国仅有奶牛12万头，年产奶量19.2万吨。12万头奶牛中，产奶性能较好的荷斯坦奶牛仅2万余头。

图2-23 荷斯坦奶牛为主要乳用品种，产量高
（李胜利 提供）

我国育成的主要奶牛品种包括中国荷斯坦牛、三河牛、新疆褐牛和草原红牛。其中，中国荷斯坦牛（原名中国黑白花牛）是我国唯一的优质奶牛品种。中国荷斯坦牛是从20世纪70年代初引用荷斯坦公牛与当地黄牛（包括一部分原有的杂交黄牛）进行杂交改良，通过逐代选育，用了14年时间培育而成的我国第一个奶牛品种。乘着改革开放的春风，中国奶牛养殖产业也迎来一波发展期。1979—1991年我国奶牛存栏数量年均增速为14.89%，牛奶产量年均增速达到13.06%。虽然此成绩主要归功于个体饲养奶牛头数的快速增长，但是奶牛饲养标准的制定对奶业的发展也具有举足轻重的作用。

2.《奶牛饲养标准》的制定和修订

20世纪七八十年代，个体户养牛并没有多少讲究，秸秆和草料里面加些豆饼已算是奶牛不错的伙食了。即便是养牛场，奶牛的养殖方法也较为粗犷，并不规范。

中国农业大学冯仰廉教授认为，由于奶牛遗传素质、饲养条件等导致的体况、体重的差异，进而造成它们的营养需求不同，因此，国外的饲养标准并不完全适用于我国的实际情况。

一直专注于反刍动物营养学和饲料学的冯仰廉，青年时期曾受国家派遣在中国驻荷兰、丹麦大使馆做科技工作，并去英国、法国动物营养研究所做过访问学者。国外的先进养牛经验和对国内大量牛场、养牛户的走访实践，使得冯仰廉在奶牛饲养方面颇具心得。1986年，作为反刍动物营

图2-24 冯仰廉教授（左一）在养殖户家指导生产

（李胜利 提供）

养学学术带头人和开拓者，冯仰廉带领科研团队制定了第一版农业行业标准《奶牛饲养标准》（NY/T34—1986）。

"《奶牛饲养标准》为科学制定奶牛日粮配方提供了重要参考，对推动我国奶业高质量发展具有重要意义。"中国农业大学教授、国家奶牛产业体系首席科学家李胜利总结说。

时间继续滚滚向前。

20世纪90年代初，三大乳制品企业开始走向中国奶业的历史舞台。1993年，脱胎于呼和浩特红旗奶牛场的内蒙古伊利实业股份有限公司横空出世，短短3年，伊利就成为中国最早上市的奶制品公司。在伊利上市的同一年，上海光明乳业有限公司成立。又3年后，伊利公司骨干牛根生离开老东家，一手建起蒙牛乳业帝国。从此，我国牛奶（液态奶）产量和产值开始以火箭般的增速暴涨。

2000—2006年，我国奶牛存栏总数的年复合平均增长率为13.9%；全国牛奶总产量的年复合平均增速为25.2%。6年间，全国人均牛奶占有量也从6.6升增长至24.36升，年复合平均增速达到24.31%。

随着奶牛养殖规模化和集约化的转型，以及对奶牛饲料营养的进一步研究，2004年，冯仰廉教授再次组织行业专家对1986年版《奶牛饲养标准》进行修订，发布了《奶牛饲养标准》（NY/T34—2004）。标准中提供的营养指标丰富，为科学制定奶牛日粮配方、促进科研工作提供了翔实的参考标准和理论依据。

鉴于对奶牛养殖产业的杰出贡献，冯仰廉教授在2010年被中国奶业协会授予"中国奶业终身贡献奖"，2015年被中国畜牧兽医学会养牛学分会授予"终身成就奖"。

3. 牛奶安全指数更高

天时地利人和之下，奶业一度呈现出花团锦簇的繁荣景象。直到2008年，"三聚氰胺"事件暴发，中国奶牛养殖业一度遭遇寒冬。以此事件开端，中国奶业开始正本清源，从上到下加强全产业链监管，经过一场刮骨疗毒式的治理整顿，奶业生产终于恢复了正常。

据调查，2019年乳蛋白含量平均值为每100克3.25克，同比持平，远高于国家标准（每100克2.8克）；乳脂肪含量的平均值为每100克3.82克，同样高于每100克3.1克的国家标准，规模化牧场的这一指标更是达到每100克3.91克。在反映生鲜乳卫生状况的主要指标中，2019年我国监测平均值为27.53万CFU/毫升，远低于菌落总数的国家标准为≤200万CFU/毫升。对于同时可衡量奶牛乳房健康状况的生鲜乳中体细胞数，我国2019年监测的平均水平及规模化牧场指标分别为28.71万个/毫升和22.75万个/毫升，欧盟和新西兰规定的标准为≤40万个/毫升，美国为≤75万个/毫升，我们均优于其标准。

由图2-25可以看到，奶牛产业10年来持续转型升级，单产从2008年的

4.6吨／（头·年）提高到2019年的7.8吨／（头·年），提升了69%，总产量稳定在3000万吨以上，满足了牛奶的有效供给。中国奶业开始由粗放增长型逐渐向质量效益型转变。

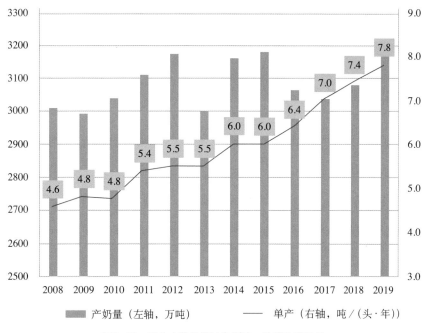

图2-25 奶业由数量增长向质量、效益转型升级

4.实干精神代代传承

据调查，2019年我国规模牛场数量4000个左右，规模牛场荷斯坦奶牛存栏470万头左右，全国奶牛平均单产达到7.8吨／（头·年），规模牛场年单产达到了8.9吨／头，达到欧盟水平。养殖装备水平和饲料条件迅速提高。规模牛场100%实现机械化挤奶，其中80%以上的牛场使用的是奶厅挤奶模式，93%的牛场配备全混合日粮（TMR）搅拌车，全株玉米青贮的使用率达到90%，进口苜蓿干草的使用率达到50%。

图 2-26 转盘式挤奶机（李胜利 提供）

与2004年相比，目前我国奶业正处于由数量增长型进入质量效益型的关键时期。李胜利教授认为，随着我国奶业的快速发展，相关研究也不断深入和发展，奶牛饲养标准也需要不断修订和完善，2004年版《奶牛饲养标准》正经受着现代奶牛业发展的考验，对标准进行补充和更新十分必要。

目前，《奶牛饲养标准》修订的接力棒传到了李胜利教授手里，其团队正在全力备战《奶牛饲养标准》的修订工作，以进一步推进中国奶牛养殖业科学合理利用资源、降低生产成本和环境排放，提高我国奶牛养殖效率。

中国乳业的飞速发展是一代代人不断接力、艰苦奋斗的结果，产业研究工作依赖于科研人员一代接一代工匠精神的传承。有此传承，才有了中国乳业屹立于世界强国之林的靓丽景象：2020年全球乳业排行榜中，伊利从2019年的第8名晋升到第5名，蒙牛从2019年第10名晋升到第8名。相信中国乳业在各界的关注和支持下，在未来会走得更加安全和稳健。

五、从"轻渔禁海"到"蓝色粮仓"

导语："年年有鱼（余）"，是中国传统文化中吉祥祈福最具代表性的语言之一。然而，在新中国成立之前，人们"年年有鱼"的愿望注定难以实现。由于明清时长期实行"轻渔禁海、迁海暴政"，始于第一次工业革命之后、蒸汽机用于捕捞的近代渔业与中国无缘，那时的中国渔业可以用"一穷二白"来形容。

新中国成立70多年，中国渔业发生了翻天覆地的变化，从"养捕之争"的讨论到"以养为主"的政策决策，渔业发展为中国社会"解决吃鱼难""促进农民增收""提供优质蛋白""增长方式和产业结构转变""减排二氧化碳和缓解水域富营养化"作出突出贡献。无论是从生产方式还是产业结构变化上，渔业已成为具有显著中国特色的"蓝色粮仓"，并带动了世界渔业新生产模式的发展。

（一）中国渔业"逆袭"之路

"让百姓吃上更多更好的鱼。"这是中国工程院院士、中国水产科学研究院名誉院长、中国水产科学研究院黄海水产研究所名誉所长唐启升2000年第一次参加院士大会时的发言。这不仅是一位渔业科技工作者的科研初心，也代表了广大渔业科研人员的心声。

1950年，中国的人均水产品占有量仅有1.7公斤。而现在，世界上每3条水产养殖鱼中就有2条是中国的。这是多么了不起的成就！那么，中国水产是如何走上"逆袭"之路的？

专家表示，渔业科技的发展，尤其是规模化养殖技术带动了水产养殖业普遍而广泛的发展，为中国和世界提供了90%以上的养殖水产品。

1958年，以钟麟为代表的科研团队攻克了鲢鱼、鳙鱼等四大家鱼的人工繁殖技术，结束了养殖鱼苗依赖天然水域捕捞采集的历史，引发了一系列育苗和养殖技术的发展，同时也带动水产养殖学科迅速发展，产生了一系列对产业发展有实质性影响的学科专著，如《中国淡水鱼类养殖学》（1961，1973）、《海带养殖学》（1962）等。

改革开放成就了"以养为主"中国特色的渔业发展。20世纪80年代以后，规模化养殖技术有了更大的发展并产生了显著的经济效益，产生了一大批国家级重大科研成果，其中获国家科学技术进步奖一等奖的项目有5项，如"对虾工厂化全人工育苗技术""河蟹繁殖的人工半咸水配方及其工业化育苗工艺""大珠母贝人工育苗及插核育珠""草鱼出血病防治技术"和"海湾扇贝引种、育苗、养殖研究与应用"等。

近20多年来，规模化养殖又在两方面取得了新的重大进展，一是约230个水产养殖新品种诞生（1996—2019年，淡水和海水新品种约各占一半），二是因地制宜、特色各异的生态养殖模式得到广泛应用，如具代表性的淡水稻渔综合种养和海水多营养层次综合养殖等。中国水产养殖已形成十分独特的结构和种类：多样性丰富、优势种显著，海淡水均为6个养殖种类占70%的产量，且多年来变化较小，相对稳定。与世界其他国家相比，不投饵率仍保持较高的水准，达到53.8%，表明中国水产养殖充分利用自然水域的营养和饵料，是低成本和有显著碳汇功能的产业；平均营养级仅为2.25，表明中国水产养殖是一个高效、能够产出更多生物量的系统。

另外，为了支撑规模化养殖技术发展，中国在水产养殖基础研究前沿领域取得显著成绩，如水产基因组学技术研究取得重要进展。迄今全世界已完成40多种水产养殖生物全基因组测序，中国占了近一半，其中有11个种类的研究成果在《自然》《科学》等刊物发表（影响因子30左右），其中5个种类为中国成果（牡蛎、半滑舌鳎、鲤鱼、草鱼、牙鲆）。

（二）保障水产品有效供给

"我们小时候想吃鱼，只有冻带鱼可以吃。现在要吃鱼，那真是太方便了，超市、菜场随便选，想吃啥鱼都能吃上。"双休日的早晨，北京市民王女士在菜市场看中了一条鲈鱼，正请摊主帮忙宰杀。"活鱼新鲜，中午给孩子做个清蒸鲈鱼，营养又美味。"王女士笑呵呵地说。

2008年，农业部和财政部联合启动的国家大宗淡水鱼产业技术体系（以下简称"大宗淡水鱼体系"）正式成立，使物美价廉的淡水鱼端上千家万户的餐桌成为可能。

大宗淡水鱼体系首席科学家、中国水产科学研究院淡水渔业研究中心党委书记戈贤平介绍，大宗淡水鱼主要包括青鱼、草鱼、鲢鱼、鳙鱼、鲤鱼、鲫鱼、鲂鱼7个品种，这七大品种的养殖产量占淡水养殖产量的65%，具备高蛋白、低脂肪、营养丰富等优点，对保障粮食安全、满足城乡居民消费有非常重要的作用。

体系成立之前，淡水渔业研究中心在全国范围内做了大量调研。通过走访养殖户，他们发现淡水鱼养殖普遍面临养殖良种缺乏、营养技术单一、疾病防控技术不成熟等问题。

"可以说当时养殖效益处于保本和亏损的边缘。每亩的年产量不足千

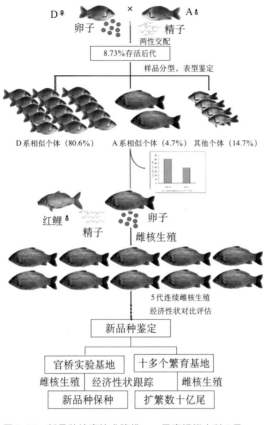

图2-27 新品种培育技术路线——异育银鲫中科3号
（国家大宗淡水鱼产业技术体系 提供）

斤，养殖户就跟我们说能干一年是一年，塘子不用也是浪费，眼里都看不到未来。"戈贤平说。

异育银鲫中科3号，是大宗淡水鱼体系推介的第一个水产新品种。中国科学院的桂建芳院士在先前异育银鲫的基础上进行改进，选取A系银鲫的精子和D系银鲫的卵子进行杂交，通过雄核发育产生的核子杂种成功培育出异育银鲫中科3号。这使我国成为国际上首次发现并利用多倍体银鲫双重生殖方式进行淡水鱼类远缘杂交的国家。迄今为止，中科3号年推广超过100亿尾，主产区良种覆盖率超过70%。

此外，科学家们开辟了独特而实用的分子标记辅助育种技术路线，并展开一系列杂交试验，选育出松浦红镜鲤、高寒鲤、豫选黄河鲤、福瑞鲤4个鲤鱼新品种，养殖年均新增销售额6.8亿元、创汇966万美元。同时，拓展了高配合力"荷包红鲤"这一优异种质的使用范围，还创建了鲤分子种质鉴定技术体系。

有了良种，养殖技术也要跟上。"2008年以前，养殖户的技术几乎都是跟渔药经销商学的，一生病就用药，埋下了食品安全和环境污染的隐患。"戈贤平颇为惋惜，"水体

图2-28 体系培育新品种——松浦红镜鲤
（国家大宗淡水鱼产业技术体系 提供）

本身有一定的自净能力，但残饵、排泄物的长期累积和药物的使用让自然水体不堪重负。党的十八大以来倡导绿色发展，对环境要求更加严格，也使我们将改进养殖技术提上日程。"

于是，在渔业科研工作者的努力下，具有地方特色的绿色养殖模式纷纷涌现，如上海的盐碱水养鱼、云南元阳县的梯田渔稻综合种养、广东的集装箱养殖等。优质饲料和精准投喂技术的推广，使建鲤养殖氮磷排出率降低15%以上，年均新增经济效益8.4亿元；草鱼养殖氮磷排山率降低16%以上，获经济效益79.6亿元。

位于黄河滩区的郑州邦众水产养殖专业合作社，就尝到了生态养殖的甜头。"现在，俺们合作社的鲜鱼、活鱼都卖到北京、上海、天津等地了，每斤售价25～30元，平均每亩纯利润在3000元以上。而且社员每亩池塘新增纯收入比周边养殖户还要高500元以上呢！"社长王新利高兴地说。2009年，河南省农民王新利发起组建邦众水产养殖专业合作社，76户社员参加。合作社养殖基地在体系专家指导下，以"良种、良法、良饵、良机"为核心，以绿色高效养殖模式为重点，规划构建了完整的"池塘＋生态沟＋生态湖"循环水养殖模式，引领沿黄集中连片池塘生态发展方向。2018年

图2-29 体系专家在福建光泽县仁厚村指导福瑞鲤稻田养殖示范应用（国家大宗淡水鱼产业技术体系 提供）

起，合作社开展"黄河滩涂提质增效型生态养殖模式"示范，通过集成相关技术，实现了优良品种覆盖率100％，构建了完整的"池塘＋生态沟＋生态湖"循环水养殖模式，实现了荥阳黄河滩2万亩池塘养殖尾水零排放。

目前，科技创新已成为大宗淡水鱼产业发展的主要技术支撑，体系研发的技术和成果共辐射百万多养殖户、养殖面积千万多亩，示范推广新品种累计1587万亩，新技术累计推广2436万亩。

产业的发展，不仅使百姓吃鱼不再难，也让渔民的收入保持快速增长。2019年全国渔业经济公报统计，据对全国近1万户渔民家庭当年收支情况调查，渔民人均纯收入21108.29元，比上年增加1223.29元、增长6.15％。

"鲤、鲫新品种一般是10年更新一代，科研人员正在加紧研发新品种。目前异育银鲫中科5号和福瑞鲤2号等多个新品种已经选育成功，并已完成中试，正在全国范围内推广养殖。"戈贤平说。

（三）让渔业养殖更绿色

虾蟹是我国水产养殖的重要种类，也是近年来百姓餐桌上不可缺少的美食。"菊花开，闻蟹来""九月团脐十月尖,持蟹把酒菊花天"，每到秋风起时，就到了吃螃蟹的季节。麻辣小龙虾，也是夏季不少消费者的最爱。据统计，我国2019年虾蟹养殖产量约474万吨，其中对虾140万吨、淡水虾233万吨、蟹101万吨。

傲人成绩的背后，凝聚了众多渔业科技人员的心血。

白斑综合征（WSS）可以说是对虾养殖者的"噩梦"，它是一种传播速度快、致病性高、危害极大的对虾传染性病毒性疾病，1992年开始在我国粤东和闽西地区的养殖对虾中暴发，并在1993年迅速席卷全国对虾养殖区域。

"1992年是我国对虾养殖产量最高的一年，超过了22万吨，但到1998年养殖产量仅为6.4万吨。"中山大学对虾病毒病综合控制研究的何建国教授介绍，"当时并未发现其他重大疾病的暴发流行，主要是受白斑综合征影响。"

从疾病的发生之初一直到1998年，何教授的团队每年都要到广东、广西、海南等地区进行白斑综合征流行病学及其对产业造成损失的调查。1998年他们甚至3次前往海南，绕全岛进行斑节对虾白斑综合征流行病学及其对产业造成损失调查，发现发病池塘的养殖损失高达90%。

"池塘里的虾大多都是恹恹的，浮在岸边不动。病虾身体呈浅红，饵料投下去都不吃。从第一只发病起，最多不超过7天，整个池塘里的虾就'全军覆没'。"回忆调研时的场景，何建国非常痛心。

对虾病毒病的研究，何建国团队早有基础。早在1992年，何建国团队就开始了对虾病毒病的流行病学研究，对虾先天性免疫研究已经超过了15年，尤其是对Toll介导抗细菌免疫机制的研究尤为透彻。科研人员从转录组数据中筛选出9个Toll同源基因，通过RNA干扰的方法从对虾已鉴定的9个Toll中筛选出对虾白斑综合征病毒（WSSV）拮抗的基因*Toll4*调控途径。

"*Toll4*基因这种模式识别受体调控的抗菌肽网络具有抗白斑综合征病毒的功能，为后续防御WSSV提供了重要的药物筛选靶点。"何建国说。

引发大面积发生白斑综合征的原因有种苗自身带毒、混养水生动物交叉感染、生物饵料携带病毒和健康虾摄食病死个体等。通过大量实验研究发现，养殖虾的病毒来源主要是健康对虾摄食病死对虾个体，所以切断病毒传播途径就成为对虾白斑综合征防控技术研发的突破口。

何建国团队通过建立对虾WSSV一步法及二步法检测技术，发现白斑综合征病毒不会感染鱼类，只要让鱼类来摄食死亡对虾，从而阻止健康对虾摄食死亡对虾，就能起到切断病毒传播途径

图2-30 虾菜共作的生态养殖池塘
（国家虾蟹产业技术体系 提供）

的作用。顺着这个思路，他们发展建立了12套适合高、中、低盐度的对虾白斑综合征生物防控技术，如对虾白斑综合征草鱼生物防控技术、胡子鲇生物防控技术、罗非鱼生物防控技术等。

2011年，团队开始在广东茂名的广东冠利达海洋生物责任有限公司应用草鱼和胡子鲇生物防控技术，第二年亩产就突破1000斤，较2010年每亩增产接近1倍。同年，团队在广西钦州市龙门镇西村养殖场试验了对虾WSSV胡子鲇生物防控技术，110口南美白对虾池塘的养殖成功率100％，产量提高了2倍。

生物防控技术的推广使用，使我国养殖对虾白斑综合征发病率下降到3％以下。如中国明对虾单位面积养殖产量提高了3～5倍，日本囊对虾单位面积养殖产量提高了2倍，斑节对虾单位面积养殖产量提高了1倍以上。河北唐海是中国明对虾的主产区，2007年以前，受白斑综合征影响，2万多亩养殖面积对虾亩产仅为15公斤；使用生物防控技术后，2019年中国明对虾亩产达到75公斤以上，养殖产量和效益提升了5倍以上。

生物防控技术为水产养殖业提供了新的思路，国家虾蟹产业技术体系逐渐建立和提升了13套虾蟹绿色生态养殖模式，如对虾和鱼一起养、对虾—植物共作轮作模式、小龙虾—稻（水草）共作模式等。近年来，虾蟹产业技术体系建立了绿色环保的工厂化循环水对虾养殖模式、集约化生物絮团对虾养殖模式等，这些技术和养殖模式支撑了我国对虾养殖方式由"集约化、粗放型"转为"高效生态型"。到2019年，我国绿色生态养殖虾蟹占到虾蟹养殖总产量的70%。

图2-31 防病鱼虾混养模式养殖的对虾和罗非鱼（国家虾蟹产业技术体系 提供）

（四）大海洋生态系统研究领跑国际

渔业种群资源研究，对于渔场的开发乃至国家渔业发展都有着重大意义。

唐启升院士曾经聚焦鲱鱼研究12载。鲱鱼，在中国俗称青鱼，分布在黄海。"令我兴奋的是这种鱼的种群数量在世界、太平洋甚至黄海都可能有长期波动的历史，即种群数量一个时期很多，一个时期又很少，差别很大，为什么？"为了研究鲱鱼的分布和习性，唐启升每年至少有一个半月在鲱鱼产卵地收集生物学资料并调查走访渔民，经常是徒步行走一二十里（1里＝500米）地，翻山越岭是家常便饭，路上全靠烧饼充饥。累了就躺在沙滩上睡一觉，醒来继续赶路，自行车都是奢侈的代步工具。

就这样，唐启升走遍了山东半岛及辽东半岛东岸的每一个鲱鱼产卵场。为了获取第一手数据，他还组织了一个由三对250马力（1马力＝0.735千瓦）渔船组成的调查组，对黄海深水区鲱鱼索饵场和越冬场进行28个航次的海上调查，揭示了太平洋鲱（青鱼）在黄海的洄游分布和种群数量变动规律。

1984年，唐启升领衔启动了我国20世纪50年代以来黄海第一次全海区周年的渔业生态系调查，跳出了100多年来渔业种群动态研究以单种为出发点的藩篱，开始从大海洋生态系的前瞻性角度研究种群变化。

这在国际上也属于前沿领域。全球海洋生态系统动力学（GLOBEC）是20世纪80年代中后期逐渐形成的新学科领域，是渔业科学与海洋科学交叉发展起来的新学科领域，也是具有重要应用价值的基础研究。唐启升逐渐形成了海洋生态系统研究的学术思想。

随着研究的逐渐深入，唐启升提出了与欧美国家不同的资源可持续管理策略（即非顶层获取策略），形成了"渔业资源恢复是一个复杂而缓慢的过程""中国近海生态系统研究的重要出口在水产养殖"等认识。围绕这些重要的新认识，中国水产科学研究院黄海水产研究所等单位开展了许多相关研究，为渔业绿色发展提供了坚实的基础科学依据。

经过中国科学家的努力，我国大海洋生态系研究让国际同行刮目相看，在世界科学前沿领域占据了一席之地。"你们发现了问题，并找到了解决问题的办法。"全球大海洋生态系知名学者谢尔曼教授高度评价唐启升的研究成果，认为中国在大海洋生态系研究方面提供的创新评估方法和管理措施相结合的观点，为推动重建捕捞渔业并引入更为高效的多营养层次综合养殖方法提供了科学基础，应该在全球范围内推广示范。

（五）现代渔业高质量发展

这些科研成果，都在积极地推动中国渔业向绿色发展转型。

专家评价，中国渔业的绿色可持续发展已奋斗了半个世纪。绿色高质量发展是探索已久的渔业可持续发展的继续，是新时代的重大需求，需要特别关注渔业资源环境的质量、健康、养护和产出。

在山东日照东港区成家麽头村，一个个海水养殖池塘像棋盘纵横排列，不远处，傅疃河静静流入黄海。这里曾经是麽头盐场，中国水产科学研究院黄海水产研究所将荒凉静寂的盐池，变成了充满生机的科研生产试

图2-32　对虾生态养殖和工厂化养殖场景（池塘为对虾生态养殖，白色建筑为对虾工厂化养殖）
（国家虾蟹产业技术体系　提供）

验基地，一项项绿色养殖技术从这里产生。

中国水产科学研究院黄海水产研究所副所长李健认为，传统的粗放型水产养殖之路已成为产业可持续发展的"瓶颈"。李健研究员团队领衔完成的"虾蟹多营养层次绿色养殖关键技术与示范"成果，创建了虾蟹池塘多营养层次生态健康养殖和对虾工厂化养殖等绿色生态养殖模式，项目实施期间累计示范推广池塘养殖面积30余万亩，实现新增销售额19.7亿元，新增利润6.9亿元。在取得良好收益的同时，对生态环境也有保护作用，生动践行

了"绿水青山就是金山银山"的新发展理念。我国早在1995年时就实施了多营养层次综合养殖。以中国水产科学研究院黄海水产研究所为代表的科研机构，经过20余年科学实践，以山东荣成桑沟湾海域为研究、示范基地，创建并实施了贝-藻、鲍-参-藻、鱼-贝-藻、海草床底播等多种形式的多营养层次综合养殖模式，具有显著的碳汇、控制富营养化等生态功能，其生态服务功能显著高于单品种养殖，多种模式实现了产业化推广，辐射辽宁、江苏、浙江等省份，并得到国际社会的广泛认可，奠定了我国在虾蟹养殖领域的国际领跑地位，为建立基于生态系统水平的适应性管理策略以及探索、发展"高效、优质、生态、健康、安全"的环境友好型现代海水养殖业提供了理论依据和发展模式。

图2-33 海水池塘多营养层次生态养殖模式现场验收
（中国水产科学研究院黄海水产研究所 提供）

云南红河哈尼族彝族自治州，在中国水产科学研究院等水产院校相关专家的指导下，哈尼梯田稻渔综合种养产业生机勃勃。

"2015年，淡水渔业研究中心与云南红河哈尼梯田结下了攻坚脱贫的缘分，我们通过开展哈尼梯田稻渔综合种养，改变了千百年来哈尼梯田只种一季水稻以及半年时间放水养田、无任何收入的耕作模式，实现了'一水两用、一田双收、粮渔共赢、强农富民'的最佳效果。现在，我们在这个基础上再升级，利用水稻收割后的冬季闲田蓄水进行福瑞鲤2号生态养殖，走出了一条哈尼梯田四季丰收、全天候产出的脱贫振兴新路子。"淡水渔业研究中心主任徐跑研究员说。

唐启升介绍，从2017年到本世纪中叶，中国渔业进入新阶段——现代渔业绿色高质量发展阶段。2017年，在中国工程院老院长徐匡迪院士支持下，形成了院士专家建议——《关于促进水产养殖业绿色发展的建议》，提出了解决养殖发展与生态环境保护协同共进矛盾的重大措施，即建立水产养殖容量评估体系和水产养殖容量管理制度；2019年，经国务院同意，农业农村部等十部委发布了《关于加快推进水产养殖业绿色发展的若干意见》，成为当前和今后一个时期指导我国水产养殖业绿色发展的纲领性文件，为新时代渔业绿色发展指明了方向。

对应国家"十四五"发展战略及绿色化发展要求，围绕现代渔业生产方式"保量增收、提质增效、绿色发展"的转变需求，大宗淡水鱼养殖将在"十三五"工作的基础上，以绿色高效养殖技术持续研发与模式构建为目标，集成体系内各功能研究室相关技术，构建以"良种、良法、良饵、良机"为核心的大宗淡水鱼模式化生产系统。如针对湖泊水库环境与水质保护要求，开展"以渔养水"型水库渔业和"以渔治水"型湖泊渔业水生态系统与技术体系构建研究，制定针对性技术与管理规则，建立生态渔业可持续发展技术体系。

用唐启升院士的话说，绿色发展是中国渔业的现在和未来，绿色发展使渔业五大产业和三产融合发展更具活力，绿色发展将使渔业的出路海阔天空，中国渔业的明天会更美好！

六、长年鲜菜的"秘密武器"

导语: 曾经一到冬天,萝卜白菜就是我国北方居民餐桌上的主角。如果当时有人能够拎着一斤黄瓜走亲串门,那可就是贵重的大礼,有可能花掉了人家一个月一多半的工资。而如今,一年四季,只要是人们想吃的蔬菜,叫得上名字的,几乎都可以在市场上找到,品种五花八门,还都新鲜可口。温室大棚和日光温室的发展让蔬菜可以反季节生长,绿色防控让蔬菜更安全健康。从淡季吃菜的"捉襟见肘"到一年四季能够吃到鲜菜,主要得益于我国农业生产设施设备的迭代研发、设施蔬菜配套技术的蓬勃发展,以及交通体系的大改善。

(一) 温室大棚延长鲜菜供应期

尽管我国蔬菜种植面积和产量都很大,但由于地域、气候、季节的差异,供应很不均衡。在很长一段时间内,不管是北方地区的冬春淡季,还是南方地区的夏秋淡季,蔬菜自给率都很低,大中城市供求矛盾尤为突出。在这种情况下,除了大力发展交通运输,保障均衡供应之外,最重要的还是提高当地蔬菜自给能力。

设施蔬菜应运而生。

所谓设施蔬菜,是通过采用现代农业工程技术,创造人工微环境,尽可能为蔬菜作物提供适宜的温度、光照、水、肥等环境条件,在一定程度上摆脱自然季节的约束进行有效生产的农业生产方式。常见的方式主要有日光温室、塑料大棚等。

在我国蔬菜发展历史上，塑料大棚的出现要早于日光温室，历经几代更迭和升级，时至今日还在田间地头发挥重要作用。

全国农业技术推广服务中心原首席专家、中国农用塑料应用技术学会原会长、中国蔬菜协会副会长张真和对塑料大棚记忆深刻。20世纪80年代初，他被分配到农业部全国农业技术推广服务中心工作后，主持的第一个重要技术课题，就是如何延长新鲜蔬菜的供应时间。

当时，北方地区冬春淡季基本吃不上新鲜蔬菜。全国农业技术推广服务中心设立了棚室蔬菜生产配套技术推广项目，第一步就是利用已有的塑料大棚、小拱棚、地膜等，进行春提前、秋延后生产，扩增新鲜蔬菜的有效供应期。技术研发后在北方14省份组织试验示范推广，从1987年开始到1990年，经过几年努力，使北方地区蔬菜冬春淡季缩短了两个月左右。

能提前1个月并延后1个月供应期，主要是棚架上塑料薄膜悄悄发生了变化。薄膜的性能好，棚室的性能就好，就能更好地对抗低温寒冷进行蔬菜生产。

其实，我国的农用塑料技术发展史，可追溯到20世纪50年代中后期；1963年以后随着聚氯乙烯塑料薄膜实现国产化，塑料棚覆盖栽培迅速兴起。早期是塑料小拱棚，60年代中后期出现塑料大棚。70年代中期以前农用的全都是聚氯乙烯塑料薄膜，但由于增塑剂选择不当造成大面积棚栽作物中毒，1977年后转向重点发展聚乙烯塑料薄膜覆盖栽培。70年代末引进地膜覆盖栽培，80年代初塑料薄膜开始大量取代玻璃用作园艺设施的透明覆盖材料，促进了以农膜覆盖为主的农用塑料技术的大发展。

聚氯乙烯和聚乙烯有着明显不同。聚氯乙烯薄膜的幅宽不超过4米，同面积棚室的用膜量要比聚乙烯薄膜增加30％以上，覆盖成本高，且有增塑剂析出污染问题，加工设备的造价也远高于同幅宽的聚乙烯加工设备。相比聚氯乙烯，聚乙烯更加环保，显著优点是性价比高。当时我国农民普遍收入水平不高，如果投入巨大，势必会阻碍蔬菜大棚的推广。聚乙烯可以生产各种幅宽的薄膜，农民不仅选择使用方便，而且覆盖成本显著降低，还没有增塑剂析出污染和降低透光率的问题。

选用聚乙烯、不走高投入路线，更适合我国农业的发展水平。因此，在全国范围内，聚乙烯逐渐成为塑料大棚的主要薄膜材料。

聚乙烯也不是完美的，相比聚氯乙烯，它最大短板在于保温性不够。如果聚氯乙烯对远红外线的阻隔率有八成，那聚乙烯仅有两三成。科研人员没有被困住，通过积极攻关，想出了在聚乙烯薄膜中添加保温性功能助剂的办法。

从那时开始，不断提高塑料薄膜质量和性能，实现棚室覆盖栽培效能最大化，成为我国设施蔬菜工作者几十年坚持的科研目标。

1984年，我国成立了中国地膜研究会，后更名为中国农用塑料应用技术学会（以下简称学会），挂靠在全国农业技术推广服务中心。几十年来，学会始终坚持农艺需求引领功能性农膜开发的发展道路。以前全国各地也在零星、散落地探索塑料大棚膜功能的改善，但大都是低水平重复，收效甚微。有了全国层面的组织机构，就能够更好地集中力量解决突出问题，加快研发推广进程。

1.塑料薄膜的防老化

普通塑料薄膜只能使用4～6个月，早期研制的防老化薄膜，也因技术水平不高而不稳定，时有"爆棚"事件发生，有时一场风雨即可造成塑料大棚薄膜全面进裂，给大棚种植户和薄膜厂家造成严重损失。20世纪90年代初，学会开始研究"爆棚"现象，提出稳定提升塑料薄膜防老化性能的目标任务。

从技术细节来看，想要提高塑料薄膜的防老化性能，在薄膜基础材料不变的情况下，就要在加工工艺上下工夫，包括优选防老化助剂和优化制膜工艺。

当时学会统一组织全国防老化助剂厂家提供样本，由农塑制品分会按照统一制膜工艺配方加工薄膜，进行田间扣棚试验，看添加哪一家防老化助剂的薄膜扣棚时间最长，就推广哪一家的产品。果然，有效解决了困扰农民和薄膜厂家的"爆棚"难题。

2. 塑料薄膜的结露问题

没想到"爆棚"解决后，新的困扰又来了，就是薄膜的结露问题。每到夜间或阴雨天，棚室内的薄膜表面露珠非常多。露珠多，大量阳光被露珠反射掉，导致塑料大棚的透光率大幅下降，也降低了棚室的蓄热增温性能。

除了引进国外的流滴剂，最重要的是研发属于自己的功能助剂。按照薄膜防老化的路子，学会组织全国的流滴剂生产厂家参加对比试验，筛选推广优质流滴剂产品。虽然效果明显，但为了能更好满足设施蔬菜生产的农艺要求，除了功能助剂，还须推进加工工艺装备革新。从1996年起，我国开始研发塑料薄膜多层共挤加工工艺技术及其设备，不再把多种功能助剂混在一起，而是将其合理分配到三个或五个功能层里制成多功能复合膜，既能减少助剂"打架"的负协同效应，提升功能膜质量性能，又能压缩成本。

3. 塑料薄膜的去雾问题

薄膜结露解决了，又出现了棚室内雾气的问题。往往是薄膜的流滴性越好，棚内的雾气越大，雾会在植物表面凝聚成水膜诱发多种低温高湿病害。

例如，这种水膜持续时间若达到2小时以上即可诱发霜霉病，4小时以上即可诱发灰霉病。

自主研制消雾剂，成为新的研究课题。在此期间，学会不仅完成了消雾剂研发改进，还创新了塑料薄膜流滴消雾功能试验方法。就是说，除了以往的田间扣棚试验外，还采用室内水浴锅加速试验的方法，快速测试流滴和消雾功能的有效持续时间。

可以说，塑料功能膜的研发，是我国设施蔬菜发展的重要基础条件。没有上述塑料薄膜功能和使用寿命的改进与升级换代，就不会有我国设施蔬菜大发展的局面。这么多年来，不仅通用型耐候功能膜不断升级换代，专用型耐候功能膜研发也取得了可喜进展。目前已开发应用的专用型耐候功能膜有：水稻育秧膜、韭菜膜、草莓膜、抗农药膜、水产养殖膜、青贮饲料膜等众多专用和特殊用途的功能膜产品。

目前，围绕塑料大棚薄膜，科研人员仍在坚持不懈地研究开发，以应对除了老化、结露、消雾之外的新问题，更在努力提高塑料薄膜的使用寿命，争取让农民用上一张能过3～5个甚至更多夏天的超长寿命功能膜。

图2-34 四川丘陵地带的塑料大棚
（中国农业科学院农业环境与可持续发展研究所　提供）

相比国外的塑料大棚薄膜，我国的功能膜在新材料应用、薄型化功能膜的质量性能等方面已经领跑世界。但在超长寿命功能膜如何实现自洁防尘和功能与寿命同步等方面，还有很多技术难点需要攻克。

（二）北方淡季产鲜菜

走进我国北方地区的农业产业园，仿佛来到了温室植物展览馆。农民们正忙着采摘黄瓜、番茄等蔬菜。

通过温室大棚技术，我国北方蔬菜的淡季缩短了两个月。但要想让三北地区整个冬春季都能生产供应新鲜蔬菜，就要靠我国的本土技术——日光温室。

日光温室蔬菜是温室蔬菜生产的一种方式，温室蔬菜是设施蔬菜的重要组成部分。日光温室蔬菜是我国独创的一种设施蔬菜类型，始于20世纪80年代。设施蔬菜在我国曾长期被称为"保护地蔬菜"，直到90年代后，随着设施园艺概念的引入，才改用设施蔬菜概念。由于设施蔬菜栽培常在自然环境不适宜的季节进行，故也称为"反季节栽培"或"不时栽培"。90年代中期以后，伴随着国家实施工厂化高效农业示范工程项目，工厂化农业和可控环境生产概念应运而生。

有专家这样总结，日光温室高效节能技术是我国独创的设施生产方式，是对世界温室园艺发展的重大贡献。

我国很早就有一种简易的保温栽培设施，叫改良阳畦，辽宁等地称之为"立壕子"。20世纪80年代初，辽南地区的海城市和瓦房店的农民利用冬闲的水稻田，搭建起比"立壕子"空间更大的保护设施，当地人称日光温室。这种临时搭建的日光温室，长度有五六十米，跨度有六七米，东西走向，

图2-35　山东省寿光市张桥村农民在日光温室中进行黄瓜栽培管理（中国农业科学院农业环境与可持续发展研究所　提供）

通常由干打垒或毛石墙、东西山墙、前后屋面等围护结构组成，前屋面夜间覆盖稻草苫保温。这种早期的日光温室看似简陋，却能为蔬菜提供良好的光照和温度。

辽南地区正是利用这种早期的日光温室在20世纪80年代初就开始各种叶菜类冬春季生产，不仅满足本地需求，还为整个东北地区提供新鲜蔬菜。经过不断摸索，于1985—1986年冬春在−20℃多的严寒条件下首次实现了喜温果蔬完全依靠太阳能越冬生产，这可是古今中外从未有过的事情。可以说，辽南地区是日光温室的发源地，这是一项凝结了中国劳动人民智慧结晶的原始创新和突破。

农业部全国农业技术推广服务中心及时抓住辽南冬季设施蔬菜生产技术的这一重大突破，从1986年开始，组织力量在地处我国黄淮地区的山东临淄进行验证试验。当时大家有一个困惑：黄淮地区没有辽南光照好，能行吗？除了黄淮地区，验证试验也在广大三北地区陆续展开，就是想摸清楚适宜发展日光温室蔬菜生产的各项必备条件。

经过反复试验，科研人员发现，发展日光温室喜温蔬菜瓜果越冬生产的适宜条件中，冬季日照百分率是关键指标之一。试验发现，50%的冬季日照百分率是必备条件。

随着试验深入，除了日照百分率达到50%，如果冬季最低气温在−20℃以上，且持续阴雨天数小于7天，就能实现喜温蔬菜瓜果安全越冬生产。在充分掌握了科学技术标准后，全国农业技术推广服务中心于1990年开始在三北及黄淮地区组织实施日光温室蔬菜高效节能栽培技术开发项目。

日光温室的主要原理在于利用太阳辐射能。从设计建造上，温室的方位角度、采光屋面角、墙体及后屋面的结构与材质等，都影响对太阳能的利用。对其设计原理和规律掌握得越深，对日光温室的升级改造越有效。

第一代节能日光温室开创了–20℃地区冬季喜温果菜不加温安全生产的先例。1990—1995年，全国农业技术推广服务中心日光温室蔬菜高效节能栽培技术开发项目主持人张真和提出了合理采光时段和异质复合蓄热保温体原理，依此设计建造的第二代节能日光温室，将日光温室喜温果菜冬季安全生产的极限低温降低到–25℃，适宜发展区域进一步向北扩展。李天来院士等科研人员，带领团队不断研究完善日光温室的采光、保温、蓄热等关键技术，设计建造出更新迭代的节能日光温室，使日光温室冬季安全生产地域继续向北推移。

日光温室不仅满足了北方居民淡季也能吃上新鲜蔬菜的需求，还对环境保护和生态文明建设具有积极意义。日光温室不用消耗煤炭，每年能够节省大量原煤。据了解，我国日光温室高效节能栽培技术推广面积已达1260多万亩，每年可节约标准煤3.2亿吨，等于少排放8.3亿吨二氧化碳、260多万吨二氧化硫、230多万吨氮氧化物。与现代化温室相比，其节能减排的贡献额还要增加3倍以上。

我国独创的日光温室在农业科技造福世界方面也发挥了重要作用，在落实"一带一路"科技创新行动计划中还将扮演更加重要的角色。罗马尼亚有一座中国–罗马尼亚农业科技园，该园引进我国设计的轻简化节能日光温室，不仅建造和运营成本大大缩减，而且全部采用太阳能集热调温设备，冬季也不需要燃烧化石燃料取暖，免去了昂贵的运营维护费和冬季取暖费。

此外，日本、荷兰、美国、加拿大等发达国家的大学和研究机构，也已就日光温室节能技术现代化与我国有关农业院校、科研院所和相关专家建立了合作交流机制。相信随着我国日光温室高效节能技术装备现代化的不断推进，效仿的国家和地区将越来越多。

图2-36 四川成都郫都区连栋温室育苗（中国农业科学院农业环境与可持续发展研究所 提供）

（三）破解南方夏秋吃菜难

除了北方地区的冬春淡季，南方的夏秋淡季同样不容忽视。北方冬春淡季是由于寒冷低温造成的，而南方夏秋淡季则是高温暴雨所致。

过去一到夏天，南方居民主要吃一些喜温耐热的蔬菜，例如丝瓜、冬瓜、空心菜、木耳菜等，但是想吃番茄等喜温不耐热，或者茼蒿等喜凉的蔬菜，就很难了。

因此，设施蔬菜在南方地区依然有用武之地。只不过是要把增温保温棚室换成遮阳降温避雨棚，把功能膜换成遮阳网和避雨膜。

专家介绍，遮阳网就是通过物理隔绝，把南方炙热的阳光遮挡一部分，使得网下蔬菜的生长环境相对清凉，还能防止暴雨对蔬菜造成的机械损伤。这种方法听着简单，但技术门槛也不低。

耐老化遮阳网是首要的技术难点。如何让遮阳网用得久一些，让农民投入成本低一些，其中的门道不亚于塑料大棚薄膜。从1987年开始，农业部全国农业技术推广服务中心在长江流域及其以南15个省份进行了试验示范。

试验示范中，除了要关注遮阳网本身的材质精进，还要测试筛选适宜的遮光率。覆盖方式、覆盖度、揭盖管理技巧都要因地制宜、因作物制宜，遮光率从40%至65%不等。科研人员依然采取了和塑料大棚相似的筛选手法，通过组织不同厂家遮阳网产品进行田间对比试验，指导各地择优选用最佳的遮阳网。

科研人员还针对部分蔬菜需要避雨的问题，研发了避雨棚，从而减少了南方蔬菜因充沛降水带来的多种高温高湿病害。通过遮阳网和避雨棚等设施，即便是在夏秋淡季，南方居民终于也拥有了想吃啥就有啥的"蔬菜自由"生活。

图2-37　遮阳食用菌栽培
（中国农业科学院农业环境与可持续发展研究所　提供）

（四）蔬菜生产的六大优势区

本地蔬菜自给能力的大幅提升，无疑是国人一年四季能吃到新鲜蔬菜的基础和关键。但在技术攻关、更新迭代的几十年中，我国迅猛发展的交通运输也是保证新鲜蔬菜均衡供应不可或缺的条件。

在南北方蔬菜淡季生产尚未有效解决的年代，冬春淡季的新鲜蔬菜供应主要依靠"南菜北运"，而在夏秋淡季，人口密集的东部沿海地区新鲜蔬菜保供则要依赖西部高山高原蔬菜东调，时称"西菜东调"。

专家解释，"南菜北运""西菜东调"格局的形成是多方面因素共同作用的结果。

首先取决于气候资源的比较优势，南方冬春季节光热资源丰富，素有"天然温室"之称，各种喜温蔬菜都可以露地生产，成本低、品质好；而地处西部的云贵高原、黄土高原，夏秋季节则具有气候冷凉、光照充足、昼夜温差大等优势，适宜生产各种蔬菜，特别是喜冷凉蔬菜，产量高、品质好。其次取决于种植淡季蔬菜的效益比较高，南方和西部高原地区的农民种菜积极性高，菜源有保障。再次取决于我国交通运输能力的高速发展、流通保险技术的不断改善，为蔬菜的快速保鲜运输创造了条件。最后取决于居民生活水平持续提升，对优质新鲜蔬菜的需求与日俱增，为"南菜北运""西菜东调"提供了不竭动力。

国家发展改革委、农业部共同制定发布的《全国蔬菜产业发展规划（2011—2020年）》，明确了按照提高大城市蔬菜自给能力和提高全国蔬菜均衡供应能力相结合的原则统筹生产布局。规划依托淡季蔬菜自给能力提升，立足我国交通大改善，综合考虑地理气候、区位优势等因素，将全国蔬菜产区划分为华南与西南热区冬春蔬菜、长江流域冬春蔬菜、黄土高原夏秋蔬菜、云贵高原夏秋蔬菜、北部高纬度夏秋蔬菜、黄淮海与环渤海设施蔬菜六大优势区域，重点建设580个蔬菜产业重点县（市、区），提高全国蔬菜均衡供应能力。规划期内，为了提高全国蔬菜均衡供应和防范自然风险、市场风险的能力，要求重点县（市、区）的蔬菜播种面积保持基本稳定，单位面积产量和总产量的增幅高于全国平均水平。

目前，我国设施蔬菜总面积仍保持稳定增长态势，设施蔬菜的产值继续保持高占比。专家认为，"十四五"期间是我国设施蔬菜产业转型升级的关键时期，要加快发展现代化温室制造业，研制、示范推广超低能耗智能温室及其绿色高效生产方式和配套装备与技术，大幅度提升设施产能。同时，大力推进设施蔬菜生产机械化，提高生产效率。

（五）绿色防控保安全

2020年11月，中国农业科学院蔬菜花卉研究所李宝聚研究员团队，首次发现气溶胶是黄瓜细菌性角斑病的重要传播途径，为黄瓜细菌性角斑病的绿色生态防控提供了新思路。这个研究团队主要研究方向为蔬菜病害综合治理、杀菌剂应用技术与蔬菜产品安全生产，以设施蔬菜主要病害为对象，较系统地开展了病害灾变机理与可持续控制研究工作，从环境、生物和环保型化学等方面研究诱导蔬菜抗病性的效果与机理。

李宝聚说："作为蔬菜医生，我的职责就是帮助菜农培育更好的蔬菜，减少病害发生的频次，提高蔬菜生产效益。"所以，他经常到蔬菜生产最前线为农民讲解蔬菜病害防治问题。例如，进入冬季后，低温寡照等不良条件将导致蔬菜病害频发。李宝聚带领团队通过现场技术讲解、蔬菜典型病害图板和实物展示、显微镜观察病原菌形态等多种方式详细剖析我国设施蔬菜疑难病害，如菜农关心的黄瓜细菌性流胶病、番茄溃疡病、番茄灰叶斑病、番茄青枯病、根腐病

图2-38　2009年5月22日，李宝聚研究员在河北青县田间给农民讲解蔬菜病害知识（中国农业科学院蔬菜花卉研究所　提供）

等典型病症、发病条件及绿色防控技术。

像李宝聚这样的蔬菜医生，为我国设施蔬菜的优质高产提供了强有力的技术支撑。

大力推广病虫害绿色防控技术是设施蔬菜产业发展的根基之一。除了让蔬菜本身长好，还要保障生产流通环节的绿色环保。由于蔬菜的流通消费链非常短，从采收到上餐桌大多不足一周的时间，不允许带有农残，严禁使用剧毒、高毒、长残效期的农药，并严格落实安全间隔期采收制度和产地准出制度，确保蔬菜安全卫生。为此，应当综合应用农业、物理、生物防治措施，合理使用化学防治措施。

2020年，国家"十三五"重点研发计划"设施蔬菜化肥农药减施增效技术集成研究与示范"项目取得突破性进展，攻克一系列技术难题，圆满实现了既能让大棚菜减少农药化肥使用，又能增产增效的目标。

这个项目由中国农业科学院蔬菜花卉研究所牵头，中国农业大学、浙江大学、西北农林科技大学等国内29家科研院所联合实施。项目针对我国设施蔬菜化肥和农药过量施用等引起的环境污染和产品质量安全问题，以东北寒区、西北干旱区、黄淮海与环渤海暖温带区、长江流域与华南亚热带多雨区设施蔬菜为研究对象，筛选、优化设施蔬菜增效高产等关键技术，实现了化肥减施、化肥氮利用率提高、农药使用量降低等目标。

目前，由中国农业科学院蔬菜花卉研究所牵头，动员组织院内外12家单位，以实现设施蔬菜绿色发展为目标，集成蔬菜病虫害绿色防控等国内外先进技术及装备，建立了我国设施蔬菜绿色发展技术集成模式。试验证明，该模式可以减施化学农药40％以上，减施化肥30％以上，节水20％以上，节省人工40％以上，增效15％以上。

七、一年四季吃柑橘

导语： 柑橘是世界第一大水果，也是我国第一大水果。2019年，我国柑橘产量近4600万吨，居世界首位；出口量约为百万吨，赣南脐橙、永春芦柑等国内名品更是行销国际市场。

100年来，我国数代柑橘科学家始终以"改良品种、提高品质、增加效益"为目标，持续开展研究与技术创新。特别是21世纪以来，中国柑橘科研团队精准发力，实现"弯道超车"，技术上实现"一树柑橘红全年"，使国人"一年四季吃柑橘"的梦想得以成真，国产柑橘产品大量供应国际市场。柑橘科研水平的进步极大地促进了我国柑橘产业结构化和品质提升，在推动我国柑橘种植区经济快速发展、带动革命老区百姓脱贫致富、提升人民生活水平等方面发挥了重要作用。

（一）培育良种，惠泽百姓

柑橘是芸香科柑橘属植物。国人经常食用的蜜橘、椪柑、甜橙、柚子、柠檬等水果都是柑橘大家族的成员。柑橘浑身是宝，其鲜果色、香、味兼优，果汁丰富，含有丰富的糖分、有机酸、维生素和矿物质，营养价值高；果肉可制成罐头、果酱、果汁或提取柠檬酸；果皮可作盐渍、蜜饯，提炼精油、果胶；幼果、橘络、种子均可药用。不仅如此，柑橘的花还可以制成花茶饮料；柑橘树终年常绿，亦可作绿化观赏之用。

我国是柑橘的主要原产地，种质资源丰富，优良品种繁多。经我国柑

图2-39 柑橘"大家族"（徐强 摄）

橘科研工作者科学考证，世界上栽培的柑橘绝大部分都是从中国"走"出去的。柑橘在我国有着4000余年的栽培历史。早在2000多年前，诗人屈原就写下《橘颂》，"后皇嘉树，橘徕服兮，受命不迁，生南国兮"。

然而，由于科技落后，20世纪上半叶，中国柑橘多数品种的品质远落后于进口柑橘，而且还短缺脐橙、柠檬等品种，导致农民的种植积极性不高。面对我国柑橘品质长期徘徊不前的严峻局面，中国柑橘科研团队冲了上去。他们清楚，果树优良品种是丰产优质的基础。

提到中国柑橘良种选育，要从我国柑橘学科奠基人之一章文才先生说起。1938年，章文才谢绝了美国柑橘界同事们的挽留，毅然回国开展柑橘良种选育工作。1937—1938年，章文才和钟俊麟等科学家在江津先后选育出甜橙良种先锋橙和锦橙。为了培育这些良种，1940年，章文才通过中国农民银行贷款建立了中国农民银行江津园艺推广示范场，并担任首任场长。

图2-40 我国柑橘学科奠基人之一章文才教授
（华中农业大学 提供）

他在该场建立了母本园栽培优良单株。这是我国第一次进行柑橘良种选育。

1956年，在华中农学院任教的章文才多次深入宜昌窑垮乡，这里山多田少，农民生活艰苦，他向农民传授适于山地的柑橘栽培技术，培养了400多名柑橘嫁接能手，推广良种，改善生活。20世纪70年代初，章文才被下放到华中农学院宜昌分院"改造世界观，接受再教育"。在宜昌，他带领果树专业的师生深入到宜昌农村进行柑橘选种工作。第一年，他从当地27万株蜜柑中选出数十个早熟单株；第二年，又"优中选优"，他把这些优良单株嫁接到成年柑橘树上，使之当年就能开花结果；第三年，他将果实进行对比鉴定，择最优者繁殖推广。这套"一年选、二年接、三年推"的新做法，大大缩短了新品种的选育过程，使宜昌柑橘产区的品种快速优化，还在全国的柑橘选种工作中推广，并被介绍到国外。

　　下放宜昌的日子里，章文才走遍了这里的山山水水，而寻找优质种质资源、传授种植技术、使百姓脱贫致富正是他跋山涉水的驱动力。1971年7月，章文才只身搭乘长途汽车来到宜昌县，在新坪一住就是4天，终于找到一处好地方，帮助新坪大队建起了50多亩柑橘母本园。直到今天，当地很多柑橘品种的优良种苗还都来自这个母本园。1972年

图2-41　1979年，章文才教授（左二）在秭归柑橘基地调查（华中农业大学　提供）

的一天，章文才在远安县勘察果树基地，上山要走15里的羊肠小道，才爬到半山腰，他的疝气病就发作了。他坐在路边草地上休息了半小时，不顾大家劝阻又继续上山勘察。1975年9月中旬，章文才来到宜都。他坐在一辆卡车的驾驶室里，一路颠簸来到聂家河镇园艺场，下车后徒步爬上山头，

为园艺场规划新建橘园。接着又到主产柑橘的红花套镇光明村，在地头为农民现场讲授技术。在他指导下，宜都的科技人员选育出了自己的优良柑橘早熟品种。

图 2-42 湖北宜都，华中农业大学推广的柑橘地表覆膜栽培技术能显著增加柑橘含糖度，使柑橘着色更均匀（刘涛 摄）

在那个年代，章文才的研究工作一天也未中止。他在宜昌选育出当时中国成熟最早的蜜柑品种国庆1号和国庆4号，还撰写了《柑橘生产技术与科学实验》一书。1993年，章文才在之前取得的成果获国家教委科技进步奖一等奖。

章文才把宜昌的秭归县称为"第二故乡"，为当地柑橘发展倾注了大量心血。他90岁高龄还带着学生活跃在三峡库区，爬坡钻果园，手把手地教他们种植、管理柑橘。章文才去世后，秭归当地橘农在归州镇为他塑了一尊铜像，题名"橘翁"。2002年端午节，章文才铜像在归州镇揭幕，1万多名橘农自发从四面八方赶来，向章老雕像鞠躬，表达对这位帮助他们脱贫致富的科学家的感激和尊敬。

图 2-43 坐落在湖北省秭归州镇三峡库区长江边的章文才先生铜像（华中农业大学 提供）

在章文才之后，经过一代又一代中国柑橘科研工作者对秭归的接力指导，目前，秭归全县柑橘种植面积超过30万亩，年产量达到45万吨，实现柑橘综合产值20亿元，涌现出脐橙产值过亿元村3个、过5000万元村10个，秭归脐橙已成为当地群众脱贫增收致富的重要支柱产业。

而在距离秭归1000公里的赣南这片红色热土上，由于我国柑橘科研工作者倾情付出，脐橙已经成为革命老区百姓的"致富果"。

江西南部历史上曾有过柑橘，但没有形成产业和品牌。直到20世纪70年代，我国柑橘科研工作者在赣南试种脐橙，这一局面才开始发生改变。

20世纪80年代初，党和政府非常关注江西革命老区发展，相关部门组织了中国科学院和部分农业高校包括章文才教授在内的专家到赣南考察。章文才教授经过考察认为，赣南的气候、土壤等环境非常适合种植柑橘。结合国内市场环境，他认为当时橙类较少，尤其缺少脐橙，赣南应该将脐橙作为产业来抓。

经过在赣南10多年的试验、驯化和比较，章文才教授带来团队筛选出适合南方温暖湿润气候种植的纽荷尔、朋娜、奈维林娜等优良品种。从20世纪80年代至今，赣州市历届党政领导常抓不懈，占老区人口70%以上的广大果农艰苦奋斗，终使"赣南脐橙"成为我国一张亮丽的名片，造福革命老区的广大人民。

图2-44　纽荷尔脐橙（郑敏　摄）

（二）科技接力，造福一方

1987年，这是我国果树生物技术史上取得重大突破的一年。章文才先生的学生邓秀新（2007年当选中国工程院院士）攻克了柑橘原生质体培养及植株再生技术，使我国继以色列和日本之后，成为世界上第三个获得柑橘原生质体再生植株的国家。但邓秀新并不满足于此，他通过改进培养方式和栽培方法，进一步使再生植株所需的时间比以色列缩短了2个月，且大大提高了再生植株移栽的成活率。

图2-45　邓秀新院士在国家柑橘育种中心指导华中农业大学果树学专业学生实习（刘涛　摄）

邓秀新把柑橘研究领域的前沿科技与我国柑橘生产实际相结合，将细胞工程、分子标记技术与常规育种有机结合，提高了柑橘育种效率，创造了40多个四倍体和10多个三倍体柑橘材料；接力老一辈开拓的事业，先后培育出光明早蜜柑、华柑2号椪柑（商品名清江椪柑）以及早红脐橙（商品名九月红，俗名果冻橙）等多个柑橘新品种，并在生产中大面积推广应用。新近，通过细胞分子手段，选育了华柚2号无籽柚、宗橙脐橙等新一代品种。

无核柚就是典型代表。邓秀新等首创柑橘体细胞杂种直接应用于柚子无核（瘪籽）果实生产技术，当年使每果100多粒种子的柚子果实下降到10粒

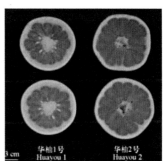

图 2-46　通过细胞工程培育的无籽柚品种"华柚2号"（华中农业大学　提供）

以下，提高了果实的商品价值。为彻底解决我国地方良种种子多的问题，带领团队坚持30余年，将细胞工程应用于柑橘无核品种创制，建立起一条无核柑橘品种培育的全新途径，并成功培育出华柚2号无核柚等品种和品系。

中国柑橘的主产区主要分布在革命老区、贫困山区、三峡库区等地，柑橘承载着当地农民脱贫致富的希望。自1999年以来，在党和国家的高度重视下，邓秀新牵头组织国家"948"重大项目，带领我国柑橘科研工作者筛选出适合长江流域栽培的红肉脐橙以及纽荷尔脐橙等柑橘品种。在赣南、湘南等地大范围示范推广了预植大苗定植技术，使柑橘结果时间比传统裸根种

图 2-47　邓秀新院士等柑橘科研工作者指导革命老区橘农发展生产（华中农业大学　提供）

植提早1年。据不完全统计，该项目在湖北、湖南、江西等7个省份示范推广面积达100余万亩，产生了显著的经济、社会效益。

进入21世纪，国际柑橘基因组计划自2003年启动以来，一直进展缓慢。而中国柑橘科研工作者的科研突破却接踵而至，他们的不断努力得到了国际同行的认可。2008年10月下旬，由国际柑橘学会主办、中国柑橘学会和华中农业大学共同承办的第11届国际柑橘学大会在武汉召开，上千名国内外柑橘专家参加了这个被誉为柑橘学界的"学术奥林匹克"盛会，其中包括600余名外国嘉宾，这也是国际柑橘学会成立40周年来首次选择在中国召开会议。

为抢滩前沿科技话语权，2011年，国际柑橘基因组计划公布了甜橙和克里曼丁基因组草图。为突破这一困局，中国柑橘科研团队决定启动独立完成甜橙全基因组测序的计划。

2011年，由华中农业大学科研工作者组成的中国队伍开始绘制甜橙基因图谱，不到两年即得到覆盖率近90%的高质量图谱。2012年11月26日，这支队伍完成的研究成果在《自然——遗传学》杂志在线发表。它如同打开了甜橙生命活动的"黑匣子"，破解了甜橙基因"密码"，得到了基因组合的排列顺序和相关特征。而这个甜橙基因图谱是中国自主完成的首个果树作物基因组序列图谱，也是世界上第一例芸香科植物基因组图谱。它将为国内外同行研究芸香科（柑橘）的特殊生物学性状、功能基因组提供重要平台，同时，对于果实包括色、香、味、成熟期等重要性状基因的发掘及品种改良具有重要意义。

2012年11月，在西班牙召开的第12届国际柑橘学大会上，邓秀新被授予"国际柑橘学会会士"称号（ISC Fellow），这是国际柑橘界的最高学

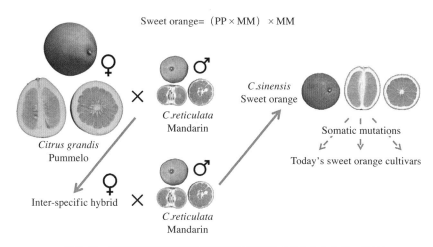

Sweet orange=（PP×MM）×MM

Citrus grandis Pummelo × *C.reticulata* Mandarin

Inter-specific hybrid × *C.reticulata* Mandarin

C.sinensis Sweet orange

Somatic mutations

Today's sweet orange cultivars

图 2-48 甜橙基因图谱揭示了甜橙起源的秘密（华中农业大学 提供）

术荣誉。邓秀新是国际柑橘学会成立40余年来，获此殊荣的最年轻的和唯一来自中国的科学家。

目前，在全世界共测出的9个柑橘基因组中，2个是由其他国家完成，其余7个都是由中国科学家自主完成，特别是获得的野生资源的基因组信息对于基因挖掘以及品质改良具有重要价值。基于柑橘基因组平台，华中农业大学柑橘团队开发出一系列适合多年生果树克隆基因并验证基因功能的方法，为发掘和鉴定柑橘自身特色的基因资源打下了坚实的平台；克隆出了控制柑橘无融合生殖（种子多胚）、果实色泽、抗性等重要性状的关键基因，为新时期通过生物技术新手段进行营养健康品质改良、创制适合绿色生态栽培的新品种奠定了基础。

通过研究甜橙基因组序列图谱，我国柑橘科研工作者已初步了解到，柚子、橘子颜

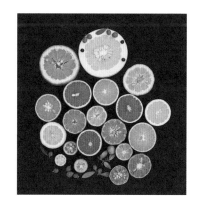

图 2-49 不同颜色的柑橘
（徐强、蒋小林 摄）

色不同的原因在于控制这两个柑橘品种的颜色基因调控区域不同。受到启发，他们开始通过遗传改良和环境调控技术给果肉"上色"，在不远的将来，国人将会吃上五颜六色的橘子。

农业科学的研究成果，最终要靠大地来检验。在中国柑橘科研团队的建议下，国家对柑橘产业带进行了整体规划，对多个优势柑橘产区建设进行了布局调整。其中，包括长江中上游柑橘带、浙闽粤柑橘带、赣南湘南桂北柑橘带和鄂西湘西柑橘带，以及岭南晚熟宽皮橘、南丰蜜橘、云南特早熟柑橘、丹江口库区柑橘及四川、云南柠檬基地等主要柑橘优势产区。每一条带因地制宜发展特色品种，相互错开上市，实现类型和季节的最优化。例如长江中上游柑橘带主要发展晚熟的脐橙、杂柑、柠檬，赣南湘南主要发展中熟的脐橙。

图2-50 位于信丰的赣南脐橙种植基地（刘涛 摄）

最大的变化发生在革命老区江西赣州。赣州的脐橙有"三驾马车"，分别是政府、企业和科技。而科技这辆马车，驾驶人就是以邓秀新为代表的中国柑橘科研团队。从引种培育到规划发展，到规模发展，再到今天的产业化大发展，赣州柑橘产业的每一次升级，都凝聚了邓秀新和中国柑橘科研工作者的智慧。科技的助推，实现了革命老区柑橘产业从引种培育到规划发展、再到今天的产业化大发展的三次升级。

人们不会忘记，1999年，赣南发生百年一遇的霜冻，局部地区脐橙树被冻死或冻伤。春节过后，有的地方出现了挖脐橙树准备腾园种植其他树种的情况。一旦这种现象在各地陆续发生，赣州脐橙产业将毁于一旦，章文才等老一辈开拓的这一产业将夭折。

面对此种局面，邓秀新等一大批柑橘科研工作者经过严密的科学求证，最终说服了赣州市和各区（县）领导，使他们逐渐认识到这次冻害是百年一遇的事件，对赣州脐橙产业的发展不会产生根本性的伤害。最终，他们联手保住了赣南这一国内少有的适宜发展优质鲜脐橙的地区，实现了通过脐橙产业的形成与发展拉动整个赣南经济的快速发展，帮助农民脱贫致富的目的。

截至2019年，赣州脐橙种植面积已达到163万亩，其中大多数果园是2000年后建起来的新园子，年产量125万吨。赣南脐橙成为远销东南亚等国际市场的主力品种。赣州全市25万种植户70万果农受益，果农年人均收入过万元，脐橙产业成为赣州百姓脱贫致富的第一支柱产业，当地农

图2-51 赣南脐橙（华中农业大学 提供）

民因为种脐橙成为百万富翁的亦不在少数。令邓秀新印象最深的是，前几年他去赣南给农民讲课，很多人骑自行车来听课，后来他们骑摩托车来听课，而现在很多人是开着小汽车来听课。如今，赣南脐橙早已名满天下，经济效益越来越好，并且赣南的柑橘产业已经过了扩大规模的阶段，步入了提高品质、优化产后处理和品牌培育的新征程。

（三）错峰生产，四季尝鲜

经过几十年的不懈努力，我国柑橘果树培育技术稳居世界前列，全国柑橘种植规模达到4100多万亩。

种植规模上来了，黄龙病这个柑橘产业的"头号杀手"却不请自来。黄龙病被称为"柑橘的癌症"，靠木虱传播，能堵塞树体的疏导组织，导致肥水无法向上运输，叶片制造的养分也不能输送到根系，果实不能正常生长，最终失去商品价值。虽然世界各柑橘主产国都在努力研究和寻找防治黄龙病的方法，但进展始终不大。

近10年来，黄龙病在赣南脐橙产区、福建永春芦柑产区蔓延，使当地柑橘产业遭受巨大打击，赣南脐橙、永春芦柑种植面积和产量呈现断崖式的下滑趋势，果农损失极其惨重。

病害蔓延，中国柑橘科研团队的科学家们看在眼里，急在心里。终于，经过近10年不懈努力，他们在福建永春探索出了"生态隔离、无毒大苗定植、动态更新病树、全园快速灭杀木虱、矮密早丰栽培"五措并举的"永春模式"。其主要内涵就是生态优先，及时清除病树，快速灭杀木虱，阻断黄龙病的传播链，同时种植无毒大苗，促进植株提早结果。

目前，永春县运用"永春模式"技术方法，有效地解决了黄龙病问题，芦柑折

图2-52 福建永春绿源柑橘专业合作社天马试验示范基地，科研工作者测量芦柑植株株高（刘涛 摄）

合亩产已达到4.14吨，当年因黄龙病近乎毁园的天马柑橘场如今成为示范园。为更好地推广这一优秀模式，永春县以天马柑橘场示范园为辐射点，分别在全县推广建立60多个柑橘种植示范片，面积达2万多亩，新增社会经济产值6000多万元。

图2-53　江西绿萌公司的柑橘脐橙标准化生态示范园
（刘涛　摄）

　　为有效预防黄龙病发生，赣南脐橙产区江西信丰县大阿镇的柑橘脐橙标准化生态示范园，按照"山顶戴帽、主干道绿化、果园与果园之间种防护林隔离"的生态建园要求，推广"适度密植、高干低冠、宽行密株"栽培模式，完善果园基础设施建设，实行果园机械化作业，生产效率得以极大提升。

　　这个生态园是由华中农业大学柑橘科研团队科学家协助规划的，他们考虑了我国水果产业的发展趋势以及生态环保和机械化问题，摒弃了老果园按等高线挖掘的建园方式，采用了顺坡种植建园的新模式。这里种植的柑橘株距大、行距大，方便机械化施肥、喷药、采摘，极大地提高了生产效率。另外，他们还在果园四周修建了防护林隔离带，对果园的生态环境进行科学管理，采取多种措施防治木虱等虫害，有效抑制了黄龙病的发生和传播。目前，华中农业大学柑橘科研团队正在从野生柑橘资源发掘耐黄龙病的基因，利用基因编辑等现代生物技术改变栽培品种的DNA，培育抗病的新材料，以期从根本上改变柑橘对黄龙病的感病性。

岁岁年年柑橘红，但如何将口味各异的鲜果从果园"毫发无损"地送到消费者手中，将柑橘产业链条由品种、装备向市场延伸，提高柑橘的产业技术水平，是近年来我国柑橘科研团队一直思考的问题。

脐橙产业链中，贮藏环节往往会造成很大损耗。在华中农业大学柑橘科

研团队的帮助下，位于赣南安远县的柑橘加工企业橙皇公司早早就用上了脐橙全自动化分选线。有了这条分选线的助力，新采摘下来的脐橙经过光电化分级分拣、自动化包装后，最快两天就可由快递送至消费者手中。由

图2-54 赣南安远县的橙皇公司使用信丰县绿萌公司生产的脐橙全自动化分选线（刘涛 摄）

于这条全自动化分选线使用了水处理杀菌技术，脐橙的腐烂率得以大大降低，脐橙的常温保存时间由正常的两三个月的保鲜期，延长到五个多月，大大降低了贮存损耗，使公司增加了收入。

解决了病害和采后保鲜问题，如何把柑橘卖个好价钱，给橘农一个满意的答卷，又成为摆在中国科学家眼前的现实问题。

《晏子春秋·杂下之六》有云："橘生淮南则为橘，生于淮北则为枳，叶徒相似，其实味不同。所以然者何？水土异也。"自然环境的差异限制了不同品种柑橘的种植分布。根据不同的自然条件，中国柑橘科研团队在规划全

国柑橘产区时提出了因地制宜"打差异化牌"的思路。各产区根据自己的条件，改良当地品种，形成地区优势品种的发展策略；通过种植不同成熟期的品种，错开季节销售，避免短时间内集中上市带来的恶性竞争，使柑橘都能卖个好价钱。

为实现错峰销售，保障农民增收，在国家现代农业（柑橘）产业技术体系以及有关项目和计划支持下，中国柑橘科研团队先后培育了华柑1号、早红、赣南早、金秋砂糖橘等早熟新品种，砂糖橘、马水橘、春甜橘等晚熟新品种；通过"948"等项目的实施，先后从美国、日本、澳大利亚和以色列引进并筛选了纽荷尔脐橙、红肉脐橙、伦晚脐橙、不知火、沃柑等一批优良特色品种。这些柑橘品种有效延伸了成熟期，改善了品质，加速了我国柑橘品种的更新换代，同时也加快了我国赣南、三峡库区等地柑橘优势产业建设。

除在各地进行品种结构优化外，中国柑橘科研团队在技术层面也结合实际进行了调整。他们大力推进无病毒苗木繁育技术，结合容器育苗提高了苗木质量；通过在适宜的产区推广应用"大苗定植"技术，使果园投产期提早了1年，果农增收，产业效益显著提高。此外，在湖北三峡库区，中国柑橘科研团队在对秭归等库区的柑橘品种结构进行优化的基础上，结合"柑橘留树保鲜"技术，使脐橙的成熟期得以极大延长。如今，三峡库区的脐橙在成熟后可以挂在树上长达5个月，三峡库区移民果农守着脐橙这棵"摇钱树"，轻轻松松从11月中旬采收鲜果至翌年4月，减少了由于脐橙成熟期集中带来的销售压力，大大提高了产业效益。

中国柑橘科研团队的科学家们通过布局优化、选育早熟和晚熟品种，再配合栽培措施，有效实现了各地柑橘的错峰成熟，而错峰成熟和采摘使国

图2-55　国家柑橘育种中心内种植的南丰蜜橘
（刘涛　摄）

产鲜食柑橘全年不断档的梦想变为现实：7月下旬，云南玉溪的早熟温州蜜橘准时上市，这是一年中最早成熟的柑橘品种；8月底至9月，广西、江西和湖南的温州蜜橘和福建广东的蜜柚开始上市；9月下旬开始，大量鲜嫩多汁的蜜橘成熟，湖北的"九月红"脐橙紧随其后；到了11月，体形硕大、风味浓烈的赣州脐橙成为热销的主角；元旦将至时，南方化渣爽口的椪柑行销全国；春节前后，轮到砂糖橘、春甜橘和秭归晚熟脐橙发力；2月，广西等地的沃柑、四川的丑柑等登场；到3月下旬，秭归的伦晚脐橙成熟上市，结合留树保鲜技术，可以一直供应到5、6月夏橙集中上市。此时，带给国人几乎整整一年甜蜜的柑橘季又将迎来新的一轮循环。

这是一种了不起的改变。

遥想百年前，国人尚不知脐橙为何物；改革开放之初，玻璃瓶装浓缩橘子汁依然是"奢侈品"；而今，国产鲜食柑橘全年不断档，果农纷纷甩开"穷帽子"、挣到"红票子"、走上致富"金路子"，北方的百姓在天寒地冻的除夕夜吃上新鲜国产脐橙已经不是稀罕事。

小小的柑橘，带给国人甜蜜的改变，而这背后，正是百年来我国数代柑橘科学家的持续努力。未来，中国柑橘科研团队将继续耕耘这份"甜蜜的事业"，紧密围绕国家战略目标，永攀科学高峰，不断地为柑橘科学研究提供新理论、为果农提供新技术、为国人献上新品种。

八、中国苹果走向世界

导语：我国苹果栽培历史已有2000多年。近100年来，中国苹果产业快速发展，如山东烟台苹果、甘肃花牛苹果、河北灵宝苹果、陕西白水苹果等都是老百姓十分青睐的好苹果。目前，我国已成为世界上苹果种植面积最大、总产量最高的国家，正由世界苹果生产大国向苹果产业强国迈进。

2020年陕西苹果产量达1185.21万吨，约占全国苹果总产量的1/3。此外，水文地理独特的延安地区还被联合国粮农组织认定为世界最佳苹果优生区，200多万亩集中连片面积也令其成为世界最大优质苹果生产区。因此，本部分将以陕西苹果为代表，诠释中国在发展成为世界苹果大国的过程中，政府、科研院所、企业和个人等所作出的卓越贡献。

西北旱区苹果栽培面积占全国苹果种植总面积的2/3，是我国和世界苹果生产的核心区域以及最佳优生区之一。西北农林科技大学（以下简称"西农"）三代果树专家经过近30年的努力，成功选育出晚熟、耐贮苹果品种秦冠，荣获国家技术发明奖二等奖，这是新中国成立以来唯一获得国家奖的苹果品种，也是我国目前推广面积最大的拥有自主知识产权的苹果品种。近年来，相继成功培育出瑞阳、瑞雪、秦脆、秦蜜、瑞香

图2-56　令人爱不释手的苹果

（张琳　摄）

红等苹果新品种，成功探索并实践了以大学为依托的苹果科技推广新模式，为中国成为世界苹果大国作出了重要贡献。2016年，首届世界苹果大会在西农和洛川举办，西农在苹果科研领域的贡献得到世界认可。

（一）陕西苹果的科研之路

我国苹果种植迄今已有2000多年历史。相传苹果在明代以前叫做"柰"，明代以后称为"平果"。那时的苹果口感不好，果肉绵、果汁少，所以又称"绵苹果"。苹果改写历史的时刻出现在19世纪70年代。山东是中国大苹果栽培的发祥地，据记载，19世纪70年代初，在烟台毓璜的一片山坡上，出现了一座果园，果园的正门上方高悬着一块匾额，匾额上用中英两种文字书写着"广兴果园"。果园的主人，是来自美国的牧师倪维思。1871年自美国到烟台时，这位爱好园艺的牧师从他的家乡纽约州带来了十几种西洋苹果树苗，于烟台毓璜顶东南山麓购得坡地10余亩栽种。由此，中国大地上出现了西洋苹果与本地苹果嫁接的"中西合璧"果实，开辟了我国现代苹果产业的新纪元。长期以来，由于生态条件适宜，品种资源丰富，栽培历史悠久，苹果一直是山东省栽培面积最大、产量最多的果树树种，为山东省第一大水果产业。

同样，甘肃也是我国苹果栽培大省，2020年全省苹果种植面积496.5万亩，产量455万吨，分别占全国苹果总面积和总产量的15.85%和11.83%，产值273亿元，苹果种植面积列陕西之后，位居全国第二。在重点生产县（区）苹果收入占农民农业总收入的80%以上，对促进农业增效、农民增收、农村繁荣及精准扶贫作出了巨大贡献，苹果产业现已从过去的地方支柱产业转变为全省战略性主导产业。

20世纪30年代，那时的中国大地都在零星地引入苹果品种，但并未形成大的规模。1934年，西北农林专科学校的科学家们就开始了苹果的研究，引进了元帅、国光等品种，成为我国苹果科技的先驱。

从20世纪50年代开始，三代果树专家经过近30年的努力，终得硕果，成功选育出晚熟、耐贮苹果品种秦冠。该品种先后在全国27个省份推广栽培，并被阿尔巴尼亚、匈牙利、日本、美国、英国、加拿大等国引进栽培。1988年，秦冠获国家技术发明奖二等奖，这是新中国成立以来唯一获得国家奖的苹果品种，也是我国目前推广面积最大的拥有自主知识产权的苹果品种。继秦冠之后，秦光、秋香苹果再获陕西省科技成果二等奖、陕西省科技成果三等奖。

尽管1928年陕西开始有农民引入苹果品种，但在20世纪40年代之前，陕北黄土高原还没有栽种苹果的历史。1947年，洛川人李新安在家乡建起了第一块苹果园，占地面积仅为6亩7分。新中国成立后，陕西苹果种植面积不断扩大，产量持续提高，1949年种植面积和产量分别达到3500亩、860吨。秦岭北麓被苏联专家认定是中国的苹果适生区。

这一论断最终被我国的科技工作者们打破。优质的苹果离不开绝佳的外在生长环境，更离不开日复一日兢兢业业、呕心沥血工作着的苹果专家。经过西北农林科技大学科学家们的长期实践探索，发现秦岭北麓并非苹果优生区，而陕西所在的黄土高原则是苹果最佳优生区。通过大量的数据分析，这一新论断被联合国粮农组织及业内专家广泛认可，为陕西渭北旱塬和黄土高原苹果产业发展提供了重要的理论支撑。同时，他们协助陕西省创造了"大改型、强拉枝、巧施肥、无公害"优质苹果生产四项技术，初步确立了苹果

图2-57 苹果专家赵正阳教授（左二）在田间指导工作（新军 摄）

生产技术标准和产品质量标准体系，为陕西果业科学发展提供了重要的理论支撑。

目前，我国苹果产量已从新中国成立之初的10万吨发展到4000万吨以上，成为世界上苹果种植面积最大、总产量最高的国家，出口量亦居世界前列。数据显示，目前中国已成为世界最大的苹果生产国和消费国。2017年，世界苹果总产量7600多万吨，中国达4380万吨，生产和消费规模均占全球50％以上。而西北旱区苹果栽培面积占全国2/3，黄土高原地区成为我国苹果的优势产区！苹果产业已成为我国北方生产区农村经济的支柱产业之一，在农业产业结构调整、增加农民收入及出口创汇等方面发挥着重要作用。

在早期发展过程中，先辈们满怀对科研工作的赤诚之心，在工作中忘我投入，他们一边为广大果农传授技术，一边指导果业生产，经过栉风沐雨的努力，优质品种培育出来了，苹果果园建起来了，黄土高原上绿荫一片，辛苦培育的洛川苹果进了人民大会堂，当地群众由穷变富了，百姓们笑了。

陕西苹果、黄土高原苹果产区，在中国由世界苹果生产大国走向苹果产业强国的进程中发挥了举足轻重的作用，而中国的苹果科学家们无疑为之作出了卓越的贡献。

20世纪80年代末和90年代初，我国苹果园建立初期，在当时的经济社会条件下，大多数果园还是按乔化密植模式建立，造成苹果园普遍密闭，光照不良，苹果的产量、品质与国际先进水平差距较大。阻碍中国苹果生产的关键在于落后的栽培管理技术，必须对我国苹果栽培制度进行变革。

矮砧密植是世界苹果栽培发展的方向，近10多年来，世界苹果主产国均按此模式建立新果园。为此，由国家现代苹果产业技术体系首席科学家、农业部"苹果发育生物学与矮砧栽培模式"创新团队负责人、西北农林科技大学韩明玉教授等组成的西北果树种质资源利用创新与配套技术研究团队将这一模式引入国内，进行集成组装配套，首次在国内提出并形成了一套矮砧集约高效栽培模式，并建立了示范果园。

这种新模式后来被业界认为是"苹果栽培制度的一场革命"。2008年农业部主持全国66个重点基地县向全国推广这一模式，并将此列为农业部2009年重点推广技术，在全国推广。2010年，韩明玉作为国家苹果产业技术体系首席科学家，牵头成立了全国苹果矮砧集约高效栽培制度创新协作组，建立了全国矮砧栽培研究创新和示范推广协作网络。2016年，苹果矮砧集约高效栽培模式再次被农业部列为重点推广技术，目前，我国70%新建果园采用矮砧集约高效栽培模式，实现了我国苹果栽培制度由传统的乔砧密植向现代的矮砧集约高效方式转变。

迈进千禧年，我国苹果科学研究迸发出更加迅猛的势头。

围绕国家重大战略需求，瞄准世界科技前沿，以提高旱区农业生产综合能力为己任，科学家们积极开展苹果领域的科学研究、科技推广和人才培养，支撑和引领了小苹果发展为大产业的转型。

2005年以来，一批批的苹果专家主动服务西北黄土高原苹果产业，以建立具有科学研究、示范推广、人才培养、技术交流与合作"四位一体"功能的国家级农业科技创新示范基地为目标，先后在陕西、甘肃苹果主产区建立了试验示范站，开展苹果新品种引进与选育、苹果矮砧集约高效栽培模式、果实品质形成和抗逆调控技术、砧木繁育与利用、优质高效栽培技术、病虫害综合防治等方面的研究与推广工作。

以标准化建设和示范园建设为突破口，他们建设各类示范园110多万亩，编制技术规范和标准20个并得到地方应用，培训基层技术骨干3600余名、果农16500多人次。在实践中，苹果试验站切实让农民、企业、地方政府和高校及科研机构实现共赢，成为农业科技服务"三农"的典范，得到了各级政府、农技部门和果农的高度评价。

（二）苹果代代育好种

图 2-58 果实累累（张琳 摄）

新品种育种成为引领苹果产业发展的动力并促其成为一项朝阳产业。为国人选育更多更好的"国"字牌苹果，成为科学家们的奋斗目标。

2014年，我国成功培育瑞阳、瑞雪苹果新品种；2016年，秦脆、秦蜜苹果新品种通过审定。

"赵政阳教授的瑞雪、瑞阳色美、味美、形美，综合品质非常优秀，符合高端水果的要求，我们计划尽快在深圳、东莞等城市的高端市场推出！"在2020年10月甘肃省庆城县召开的第三届全国瑞雪瑞阳苹果新品种观摩暨果品鉴评会现场，来自广东东莞的果品销售企业代表赞不绝口。

2012年3月，为推进地方苹果产业快速健康发展，西农与甘肃省庆阳市人民政府、庆城县人民政府合作共建甘肃庆城苹果试验示范站。目前庆城县苹果面积由原来的10多万亩发展到40万亩，农民收入的40%以上来自苹果，培育出的瑞雪、瑞阳等新品种，被国家、省、市评为优质果品。

脱贫致富成效显著，仅西农瑞雪、瑞阳苹果发展联合会会员单位在种植业方面已为贫困地区农民脱贫致富增加直接经济效益1.1亿元。预计3～5年内全国瑞雪、瑞阳苹果种植面积将超过100万亩，盛果期农民种植业收入将超过200亿元。

在延安洛川苹果试验站，专家们选育出秦脆等优质抗逆新品种3个，建立了16个苹果新品种示范园，完成洛川国家级苹果选种场建设；开展了山地苹果园优质高效栽培技术的试验示范、技术服务和科技培训工作，延伸了苹果产业链，累计培训1000场次、10万人次，建立示范园2万余亩，新品种、新技术辐射推广100余万亩，经济效益增加5亿元以上。

苹果开花时很关键，因为有花才有果，如果花掉了，果子就与我们彻底再见了。但在苹果开花之际，如遇冻害，那损失就是毁灭性的。

为解决广大果农的这一心头之痛，马锋旺教授团队联合延安农科所、榆林农科院，开展了"陕北旱地苹果转型升级关键技术研发与示范"重大科技项目研究，成功使苹果花期延迟5天，有效降低陕北苹果花期冻害风险，为陕西苹果北扩战略提供了技术支持。

为确保苹果树长得健康，果子结得丰硕，一批科学家充当了坚强的"苹果卫士"。长期开展果树重大病害病原生物学及致病机理研究的黄丽丽教授及其团队就通过长期探索，成功找到了苹果树腐烂病致灾成因，并提出了有效的防控技术。他们这项"苹果树腐烂病致灾机理及其防控关键技术研发与应用"荣获国家科学技术进步奖二等奖。

科技成果助推了陕西果汁加工产业的快速发展，陕西现已成为全国最大的果汁生产基地和国内最大的果汁出口省份。目前，陕西省浓缩苹果汁年产量和出口量分别占到全国的60%和40%，稳居中国第一，成为全球最大的浓缩苹果汁生产加工基地。

2016—2020年，我国苹果领域国际论文发表数量位居全球第一，旱区苹果逆境生物学达到国际领先水平。同时建立了旱区作物逆境生物学国家重点实验室、国家苹果改良中心杨凌分中心等。2020年马锋旺教授作为首席专家牵头组织的陕西省苹果重大专项启动。

用科技创新引领世界级苹果大产业，是近几年苹果专家们心中高远的目标。为此，科学家们针对西北旱区苹果产业基础研究弱、新优品种少、技术升级慢、经济效益低等问题，强化了基础研究、集成创新和示范推广。

工作取得了突破性成果。苹果基础研究取得重大进展，为抗逆优质高效育种和技术研发奠定了基础；培育出6个更新换代苹果品种，其中瑞阳、瑞雪两个品种通过国审；研发出一批苹果提质增效关键技术，集成矮砧集约高效栽培技术体系，引领我国苹果栽培模式转型升级；建立6个苹果试验示范站，支撑我国苹果产业"西移北扩"。

苹果产业"西移北扩"使得黄土高原发展成为了全球最大的苹果生产基地，总面积1800万亩，总产量2000多万吨，占全国的1/2，世界的1/4，带动300多万农户依靠苹果产业脱贫致富。

2020年10月22日，木美土里生态农业有限公司以1100万元获得了苹果新品种瑞香红苗木生产经营权，这一转让费刷新了全国纪录！

图2-59　各界点赞苹果新品种瑞香红（新军　摄）

大名鼎鼎的红富士是多年来大家最喜爱的选择，自20世纪80年代从日本引进后，红富士已成为我国的主栽苹果品种，但我们科学家选育出的瑞香红比它更好吃！据选育团队领头人赵政阳教授介绍，瑞香红集合了母本富士和父本粉红女士的优点，果个匀称，果形高桩，果面光洁，色泽红艳，其果肉中的香气物质总量是红富士的7.5倍。该品种可无袋栽培，商品率高，具有好吃、好看、耐贮、易栽培、抗性强的特点。

（三）中国苹果世界共享

中国是世界苹果生产、出口和消费大国，在世界苹果格局中占有重要地位。

据统计，2016年，全球苹果种植面积为7940万亩，总产量为8933万吨，其中中国苹果种植面积3576万亩，总产量4445万吨，分别占到世界的45％和49.8％，面积和产量稳居世界第一。2017年，中国鲜苹果出口量132.84万吨，占全球的17.84％，苹果汁出口量65.55万吨，占全球的29.82％。可以说，近10年来，中国鲜苹果和苹果汁的出口量均列全球首位。从消费来看，中国是全球苹果及其产品的第一消费大国，占全球消费总量的43％，且保持稳定增长的态势。

随着世界苹果产业重心向我国转移，以及我国苹果产业重心向西北旱区转移，对标国家精准扶贫、生态文明建设以及"一带一路"倡议的实施，发展西北旱区特别是陕北黄土高原苹果产业，苹果研究面临着前所未有的机遇。

以确立苹果研究世界领先地位为使命，以建设世界苹果研究中心为目标，以培育重大研究成果、培育领军人才、建设高水平团队、引领产业发展为任务，围绕苹果产前、产中、产后全产业链中存在的重大科学、技术和政策等问题开展研究，尽快取得一批重大自主创新成果，引领中国苹果研发和产业发展。这些，将成为科学家未来的使命。

作为中国苹果研究的中坚力量，西农目前拥有世界最大的苹果研究专家技术人才梯队，涵盖遗传育种、栽培、植保、土肥、品质、贮藏、产业经济等研究领域，围绕整个苹果产业链形成了一支多学科力量相结合的研究队伍。西农现有80多位专家学者从事苹果的科学研究和示范推广工作，包括1名国家苹果产业技术体系首席科学家和2名国家青年人才支持计划入选者。

他们坚持围绕西北旱区苹果产业发展的重大战略需求，积极开展面向西北旱区苹果生产实际的应用基础性和应用性研究，为苹果产业升级发展提供智力支撑。同时，重视苹果产区已有技术管理队伍的再教育和产业大户的培训工作，使陕西苹果产业发展的智库建设从顶层设计到基层落实均有支撑强化和提高。苹果专家们将在现代苹果栽培管理技术创新、遗传改良育种、健康保健与功能性产品开发三个方面持续用力，为苹果转型升级插上科技的翅膀。

科技成果示范推广和产业化工作是农业产业转型升级的重要保证。目前，采取以大学为依托的农业科技推广新模式，在西北已经建立了多个永久性的苹果试验示范站。同时，结合已经建立的新农村发展研究院、陕西农业协同创新与推广联盟，有针对性地进行研究与攻关，进一步带动农业发展和农民致富。

以开放共享的新理念加强国际合作，推动陕西苹果走向世界。2017年，苹果研究院在西农成立；2018年我国科学家们牵头与美国、意大利、新西兰等国家的苹果科研优势单位一起成立国际联合苹果研究中心，共同围绕苹果重大科技问题开展实质性合作研究；2020年苹果基因组学及分子设计育种学科创新引智基地获批陕西省高等学校学科创新引智基地。

由于陕西渭北黄土高原是世界苹果最大的集中连片种植区域之一，也是我国和世界苹果生产的核心区域，陕西也被世界公认为苹果最佳优生区之一，目前，陕西正积极推进产业转型升级，高质量发展打造千亿级苹果产业。

果业强、果农富、果乡美的美好愿景将在中国大地进一步变成现实。

小小一颗苹果，可以为中国的万千果农送去希望与幸福，可以为世界人民带来健康与美好！中国苹果，这抹绝美的鲜红，承载着先辈热切的期待，伴随着今人不懈的努力，终将闪耀在世界苹果舞台之上。

九、自主创新抗虫棉

导语： 纯棉衣服、纯棉毛巾、纯棉被子……棉花作为纺织业的主要原料，成为人们日常生活中的一部分。"棉花全身都是宝"，它既是最重要的纤维作物，又是重要的油料作物，还是纺织、精细化工原料和重要的战略物资，始终占据着国民经济中重要的位置。

在棉花的历史坐标中，20世纪90年代的连年虫害，国外种业公司的步步紧逼，险些毁了中国棉花生产。此时中国抗虫棉研究团队临危受命，通过构建上、中、下游系统合作研究体系，成功研发培育出具有自主知识产权的抗虫棉，并建立国产抗虫棉产业化体系，拯救了中国棉花产业。

（一）中国棉花的内忧外患

20世纪90年代，我国北方棉区棉铃虫连年大暴发，皮棉减产造成严重经济损失。棉农"谈虫色变"，说棉铃虫"除了电线杆子不吃，其他什么都吃"。

棉铃虫属于高迁飞性、高杂食性、高繁殖率植物害虫。它一个晚上能迁飞400公里，一生能产1600多粒卵，幼虫每3天左右就增加1个龄期，在第3个龄期即进入暴食期。此时恰逢棉花枝繁叶茂、现蕾结铃，正好成为棉铃虫的饕餮首选。虫害暴发时期，一株棉花上十几只虫子，不仅能把整株棉花吃得一个棉铃都不见，就连棉花叶片也难以幸免，最后只剩一根光秃秃的棉花秆。

棉铃虫不仅食量惊人，还表现出超强的抗药性，无论打多少次药、药性多强，都起不到杀虫作用。在河南产棉区，棉铃虫严重的时候，棉农天天都要提着一个篮子，里面放上五六种农药，一遍又一遍地轮番往棉田里打药，可棉铃虫照样不死。

1992年6月，河南省安阳市，黄河流域棉区的中心，我国唯一的国家级棉花专业科研机构——中国农业科学院棉花研究所的所在地，正在暴发一场罕见的人虫大战。这一年，棉田一代棉铃虫在冀、鲁、豫特大暴发，百株累计落卵量竟达2000多粒，比正常年份的10倍还要多；一片棉叶上面竟然密密麻麻布满80多粒比小米粒还小的棉铃虫卵！棉花研究所紧急动员，科研人员走出实验室，背上装满药液后重达15公斤的手动喷雾器，与试验工人一道下地治虫，不少科研人员并不强壮的肩膀上磨出血泡，个别人甚至农药中毒。菊酯类农药、氨基甲酸酯类农药一起上，不行；机动车、人工喷雾器具一起上，仍然不行；超出常规的农药用量，一遍又一遍的防治，棉花叶片已被过量使用的农药烫得萎蔫发焦，还是不行！棉铃虫越长越大，这可怎么办？只能用最原始的办法——人工捉虫！男女老少齐上阵，每人手握一个空瓶子，里面放一点水，把捉到的棉铃虫放到瓶子里面，收工时计数，一只棉铃虫奖励1角钱。许多人晚上睡觉时，棉铃虫好像还在眼前蠕动，白天的情景仍历历在目。试验农场有一个工人，把捉到的棉铃虫拿去喂鸡，10只鸡中竟然有两只中毒死亡。棉铃虫终于暂时退却了，可棉株却伤痕累累，80%的棉株生长点受到严重危害，90%的花蕾基本脱落。棉花研究所周围百姓的棉田受危害程度同样是有过之而无不及，不少棉株成了"光杆司令"，许多棉农哭泣着不得不把自己亲手养大的棉株连根拔起，而改种其他作物。

为了抗虫，我国每年施用于棉花的农药总价值达50亿～70亿元，每年因喷施农药而中毒的事件屡屡发生。残酷的事实摆在棉花科学家面前：通过农药防虫或者常规棉花育种显然不能有效解决棉铃虫危害。

棉铃虫危害惊动了从地方到中央的各级政府。如果棉铃虫无治，棉花生产必将不保，整个棉纺工业都将严重萎缩，进而影响整个国计民生。严峻现实摆在面前，严重后果可想而知。一边是棉铃虫防治形势严峻，而另一边则是国外种业公司的步步紧逼。

棉铃虫在中国主产棉区暴发，让国外种业公司察觉到了机会。凭借用生物育种技术研发的转基因抗虫棉品种，他们一边四处游说，让中方出巨资购买其品种使用权；一边开展市场布局，在棉花主产省份成立棉花种子公司，进而垄断性销售其拥有知识产权的转基因抗虫棉棉种。国外种业公司的野心十分明显：全面占领并控制中国棉花种子市场。

国内有关部门与国外种业公司前后进行了3年的谈判，但国外种业公司提出的条件十分苛刻：巨额转让其转基因抗虫棉品种使用权，双方合作不能少于50年。近乎天价的转让费，引进还只是提供一些转基因植株材料，根本得不到整个专利技术。

转基因
抗虫棉之战

双方谈判破裂，国外种业公司加紧布局，声称要在转基因抗虫棉种市场"三年占领华北，五年占领中国"。

国家的忧虑、棉农的渴望、国外种业公司的紧逼，激起了以郭三堆研究员为代表的一批农业科研人员为国分忧、为民解难的责任感，激发了他们研制抗虫棉的勇气和力量，开始了中国抗虫棉自主创新之路。郭三堆说，拼命也要搞成功，这样做，一是可以为国家节约大量资金；二是可以获得自主的知识产权；三是可以培养我国的科研队伍，不用受制于人。

（二）建构自己的抗虫基因

20世纪80年代，外源基因整合到植物染色体上的生物技术发展迅速，成功实现了把杀虫基因导入烟草植株，打破了物种界限。这一颠覆传统的新型技术，给农业发展带来了巨大变革。通过转基因生物技术手段，解决农作物病虫害防治等诸多难题，受到各国政府高度重视。

1988年，美国孟山都公司凭借强大的经济实力和先进的生物技术，在全球率先培育出转基因抗虫棉植株。这一年，在法国巴斯德研究所从事 *Bt* 杀虫基因结构与功能研究的郭三堆学成归国，回到中国农业科学院生物技术研究所工作。这一年，中国抗虫棉面临历史抉择的十字路口：是"自主研发"还是"引进品种"？

郭三堆，这个此后和"抗虫棉"紧密联系在一起的名字，扛起了抗虫棉国产创新的旗帜。虽然当时国家下拨了数百万元的研究经费，但依然无法与国外同类公司不惜近亿元的研究经费相提并论，但郭三堆和他的同事们立志用最快的速度，利用基因工程，培育出具有我国自主知识产权的抗虫棉。

1992年，国家"863"计划将"棉花抗虫基因工程研究"列为第一批启动项目，选择全国棉花研究优势单位集中联合攻关，郭三堆是项目负责人，全程参与。要培育具有自主知识产权的抗虫棉，首先要构建具有自主知识产权的抗虫基因。"自主构建基因的过程，在当时是非常艰难的"，郭三堆说。当时连他们研究试验用的试剂材料，都会受到国外封锁。面对人、财、物的一系列困难，郭三堆和团队大胆创新技术路线，巧妙设计实验步骤，反复验证实验结论。经过1年8个月的日夜奋战，终于通过合成82个基因小片段，然后又将这82个基因小片段，拼接成9个基因大片段。最后，用这9个基因大片段，组成了一个完整的 *Bt* 杀虫基因。在20世纪90年代初的中国，能够自主设计并人工合成新型 *Bt* 杀虫基因是我国基因工程领域的壮举。

Bt是苏云金芽孢杆菌的简称，它能够产生一种杀虫晶体蛋白，被鳞翅目害虫棉铃虫吃下后，在碱性环境的肠胃中，迅速释放出核心杀虫蛋白，并与害虫肠胃中的特殊受体结合，引起肠胃溃烂，进而将其杀死。转有Bt杀虫基因的棉花不需要依靠农药防治棉铃虫，依据的就是这一机理。当时，全世界只有美国拥有这项技术，并先行培育出了转基因抗虫棉品种。在郭三堆等科学家的不懈努力下，我国成为继美国之后能够合成Bt杀虫基因、拥有抗虫棉

图2-60 抗虫棉抗虫效果图（中国农业科学院生物技术研究所 提供）
注：左侧图片为非抗虫棉叶片和棉桃，右侧图片为抗虫棉叶片和棉桃

独立知识产权的第二个国家，迈出了转基因抗虫棉国产化最为关键的一步。

中国科学家的成功引来了国外的质疑，甚至有人怀疑他们"一定是"使用了外国的材料。为了给中国科学家争口气，为了证明这项技术是中国独创的，郭三堆又与国内的同行们开始了双价基因的研究。为加重和国外抗虫棉品种竞争的筹码，郭三堆提出在一个载体上挂两个独立表达的基因：一个是Bt杀虫基因，另外一个是来源于豇豆的胰蛋白酶抑制剂基因，简称 $CpTI$。后者的作用是当胰蛋白酶增大到一定量的时候，$CpTI$ 就可以抑制害虫消化道里的酶，阻止其肠胃消化。这样的结果就是，既可以让吃了 Bt 杀虫蛋白的害虫肠胃裂解，同时还能让它没法吃东西，这个技高一筹、中国独有的成果，立刻就和国外抗虫棉在核心技术上拉开了明显距离。不久，双价基因抗虫棉研制成功。

自1998年起，郭三堆率领的课题组与河北省邯郸市农业科学院合作，在国家有关部委的大力支持下，又开展了转抗虫基因三系杂交棉分子育种研究。三系即不育系、保持系和恢复系，是杂交育种的一种技术方法。通过三系配套，可以使作物的杂种优势得到充分利用，育出既高产又抗病虫害的作物。新品种棉花具有明显的杂种优势，但由于始终未能解决细胞质不育引起减产的瓶颈问题，国内外三系杂交棉研究一直没有取得大的进展。历经6年的艰苦研究，转抗虫基因三系杂交棉分子育种技术在国际上首次成功创建了高产量、高纯度、高效率、大规模、低成本、能够直接大面积推广应用的分子育种与常规育种相结合的新体系，成功攻克了棉花育种领域抗虫与高产难以结合的世界性难题，我国成功研制出具有自主知识产权的转抗虫基因三系杂交棉。

有人问，在美国已经研发出转基因抗虫棉后，中国为什么还要投入力量进行重复的研究？郭三堆认为，知识产权和种质是现代农业发展最重要的保障，一旦被国外公司控制，将使我国的农业受到巨大的威胁。为了我国农业的发展和安全，我们必须有自主知识产权的转基因抗虫棉品种。

"中国研制的抗虫棉和美国的不一样，否则不会打破美国的垄断，更无法保住我国的植棉市场和产业"，郭三堆特别强调。我国的杀虫蛋白的毒性区是依据 Cry1Ab 蛋白分子结构设计的，毒性强，而识别与结合区是依据 Cry1Ac 蛋白分子结构设计的，识别与结合能力也很强；我国抗虫基因的大小是美国抗虫基因的一半，抗虫棉中的基因数为多拷贝，与美国抗虫棉不同；我国研制的双价抗虫基因以及高抗棉铃虫的双价抗虫棉新品种，与美国抗虫棉品种也不同；而我国研制的三系杂交抗虫棉品种，美国没有。

中国的转基因抗虫棉研究已迈入了世界先进行列，打破了国外抗虫棉种试图垄断中国棉种市场的企图，用事实证明我国完全有能力完成基因工程的自主创新性研究。

（三）打造科研"联合舰队"

中国抗虫棉研究受到党和国家的高度重视，在"863"计划等国家项目的全力支持下，集中优势单位组建了上、中、下、企优势互补的科研团队，全国各大农业科研单位近百名生物技术专家、育种家、企业家和政府有关部门积极参与，培育的抗虫棉品种由企业进行推广，完成产业化。各方集中目标、精诚协作，组成抗虫棉育种研发的"联合舰队"。

抗虫基因构建到植物表达载体后，接下来需要有效转入受体材料的棉花植株当中，培育出具有杀虫效果的种质材料，然后交给育种家进行筛选培植，再经过一系列复杂的育种过程，最后选育出兼具抗虫作用和生产价值的转基因棉花品种。这些过程，环环相扣，贯穿着被称为上、中、下、企育种研发的四个阶段，其中任何一环出现问题，都将半途而废。上游，也是最关键的环节，首先要找到合适的基因。以中国农业科学院生物技术研究所、中国科学院遗传与发育生物学研究所和中国科学院微生物研究所等为代表的基因构建单位，他们成功构建了拥有自主知识产权的抗虫基因。

接下来，中国科学家要思考的是：如何让抗虫基因快速从实验室走向棉田？

为了以最快速度成功研制出国产抗虫棉，抗虫棉研发团队采用了两条转基因技术路线：第一条是江苏省农业科学院经济作物研究所黄骏骐领衔的团队采用花粉管通道技术将国产抗虫基因导入泗棉3号；第二条是山西省农业科学院棉花研究所陈志贤领衔的团队采用通用的农杆菌介导技术将抗虫基因导入晋棉7号。

经过艰苦的尝试和不懈的努力，最终获得了一批含多基因拷贝的转基因抗虫棉种质资源，并经中国农业科学院植物保护研究所干武刚实验室生测获得7个抗虫性80%以上抗虫棉材料。在全国"一盘棋"的指导思想下，抗虫棉团队将抗虫棉材料迅速提供给各省育种单位，与当地优良品种进行杂交系统选育。1994年，山东梁山、安徽东至、江苏泗阳、湖北沙洋等良种场分别选育出国产GK12、GK1、GK21和GK19等单价抗虫棉品种。1997年单价抗虫棉先后在河北、山东、安徽等省份通过安全评价并用于生产。中国从此成为世界上第二个成功研制抗虫棉的国家。单价抗虫棉核心技术，1998年获得发明专利，2001年荣获国家知识产权局和联合国知识产权组织联合颁发的专利金奖和金质奖章，2002年被授予国家技术发明奖二等奖。

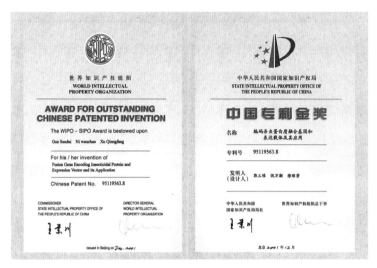

图2-61 抗虫棉研制专利获中国专利金奖（中国农业科学院生物技术研究所 提供）

随着国产转基因抗虫棉的崛起，基因遗传转化率低、规模化程度有限成为制约其发展的主要"瓶颈"。20世纪90年代末，国外跨国公司每年的基因新材料生产能力为1万株，而我国科研单位只有几百株。由于不能有效为育种家提供转基因育种材料，严重影响了新品种的培育进程，虽然掌握同样技术，但仍无法与国外的转基因棉抗衡。

为了打破转基因技术规模化"瓶颈"，科学技术部启动了"国家转基因棉花中试及产业化基地"项目，国家发展和改革委员会启动了"国产转基因抗虫棉种子产业化"项目。在国家项目支持下，合作体系中游的中国农业科学院棉花研究所牵头建立了棉花规模化转基因技术体系平台。棉花规模化转基因技术体系平台是一个功能齐全的棉花转基因材料"工厂式"的生产流水线，也是世界上唯一可以同时采用农杆菌介导法、花粉管通道法、基因枪轰击法快速获得转基因抗虫棉新材料的技术平台。

中国农业科学院棉花研究所李付广团队牵头建立的"棉花规模化转基因技术体系"，创制大量转基因种质新材料，促进棉花基因工程育种和产业化进程。团队将来自郭三堆团队构建的 *Bt* 杀虫基因载体转入到棉花中。那个时候，团队所有人员加班加点抢时间创造转基因抗虫棉新材料，不间断地向下游上百个棉花育种团队大规模无偿提供。"这种速度效率和协作方式，完全是在和咄咄逼人的对手争分夺秒。我们提供的种质材料，等于让上百个育种团队一下子都有了充足的弹药、充沛的米粮"，李付广说。团队利用转基因平台，共创制具有利用价值的各类转基因种质新材料2000多份。将865份遗传稳定的种质材料上交国家中期库，相当于我国棉花中期库50年来收集、引进、保存材料的1/10。

自此，国产转基因抗虫棉育种研发工作逐步进入发展"快车道"。

借鉴单价（只含 *Bt* 杀虫基因）抗虫棉的成功之路，中游团队再发力，继续采用两条转基因技术路线，将双价杀虫基因导入石远321和中棉23受体，河北省石家庄市农林科学院、中国农业科学院棉花研究所等单位利用双价抗虫棉种质（同时含 *Bt* 和 *CpTI* 杀虫基因），研制成功双价抗虫棉sGK321和中棉所41等棉花品种。双价抗虫棉后期杀虫效果昴著高于单价抗虫棉，棉铃虫校正死亡率较单价抗虫棉提高35%以上，棉田四代棉铃虫平均百株幼虫数量较单价抗虫棉田减少57.1%。1999年双价抗虫棉先后在河北，河南、山东等省份的棉区得到推广。

为了让国产抗虫棉继续领跑世界，抗虫棉团队建成三系杂交抗虫棉生物育种技术体系，利用该体系生产杂交种，制种效率和产量比去雄杂交提高20%以上，制种成本降低60%左右。2005年，我国首个三系杂交抗虫棉品种银棉2号问世，在国家区试中比对照也是其母本中棉所41增产26.6%，并大规模应用于生产。自此，中国的转基因抗虫棉研究已迈入了世界先进行列。

图2-62 三系抗虫棉研发核心专利证书（中国农业科学院生物技术研究所 提供）

为了加快产业应用，转基因棉花研究团队将创制的转基因种质新材料快速发放给育种研究单位，中国农业科学院棉花研究所、山东棉花研究中心、河北省农林科学院棉花研究所等10余家棉花育种单位迅速培育出适合我国不同棉区种植的国产转基因抗虫棉新品种，并在河南安阳、山东惠民、安徽望江等地的生态育种试验站进行中试。这种合作，一方面避免了低效率的简单重复，同时也加快了国产转基因棉花新品种的培育进程和产业化进度，全面提高了我国棉花综合开发的创新能力和棉花产业的国际竞争力。

体系最接近市场的一环则是科技型棉种企业。创世纪种业有限公司、安阳中棉所科技贸易有限公司、山东惠民中棉种业有限责任公司、安徽中棉种业长江有限责任公司、安徽荃银高科种业股份有限公司等企业经营新培育的转基因抗虫棉新品种，并通过转基因抗虫棉新品种的展示与示范以及建立遍布各棉区的营销网络，使国产转基因抗虫棉良种迅速进入市场，种到棉农的地里。

一支优势互补、强强联合、具有国际竞争力的"航母舰队"终于成功地建立起来了。全国"一盘棋"的研发推广体系展现出旺盛的生命力。比如，育种单位利用国产抗虫基因培育的中棉所29，使低龄棉铃虫的死亡率超过90%，连续多年是全国种植面积最大的棉花杂交种，占同期全国杂交棉累计推广面积的50%左右。中棉所41由于抗虫和高产等特性，被全国20多家单位选作育种亲本，相继衍生出新品种100多个，例如中棉所63、豫杂35、银棉2号等一系列适应不同棉区的品种。三系杂交棉品种迅速涌现，让国产转基因抗虫棉品种的竞争实力大大增强，稳稳占据了转基因抗虫棉国内市场的绝对优势。

（四）国产抗虫棉扬眉吐气

在我国完善转基因抗虫棉科研创新体系之时，国外种业公司凭借拥有多项转基因技术专利以及强大的棉种经营网络，增强了其转基因棉的产业化能力，迅速占领中国市场。国外种业公司分别在1995年、1996年成立了河北冀岱棉种技术有限公司、安徽省安岱棉种技术有限公司，紧接其后还准备成立鄂岱、鲁岱、湘岱等省级种子公司。这样持续到1999年，国外转基因抗虫棉品种已经占据了我国市场90%以上的份额。面对强大的"科贸一体化"国外种业公司，要发展国产转基因抗虫棉，不仅要攻"科研关"，更要攻"市场关"。

20世纪90年代末，每斤杂交转基因抗虫棉种子在山东、江苏竟然卖到150元的天价！即使按精量播种原则，一亩地也要8两（1两＝50克）种子，棉农根本用不起。转基因抗虫棉种子成了"天价种"，一个重要原因是科研制种单位与生产单位脱节，形不成产业化的制种体系，制种效率低下，成本偏高，当时，我国的全部转基因棉制种规模不到800亩。

为了破解这一难题，创世纪种业有限公司、安阳中棉所科技贸易有限公司、安徽荃银高科种业股份有限公司等依托转基因抗虫棉的农业高科技公司如雨后春笋般崛起，"科研单位＋制种公司＋农户"的产业化的运行模式日趋完善。在新运行模式之下，国产转基因抗虫棉育种面积迅速增长，制种产量由每亩60～75公斤提高到每亩100公斤。国产转基因抗虫棉种子价格下降至每斤30元。新培育的转基因抗虫棉品种由棉种企业经营，迅速进入市场，来到急需的棉农手里。

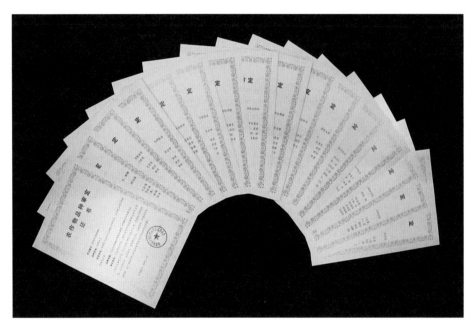

图2-63　部分抗虫棉品种证书（中国农业科学院生物技术研究所　提供）

国产抗虫棉扬眉吐气的日子终于到来了！2002年，国产抗虫棉市场份额上升到了35%，2003年，国产抗虫棉又占市场份额的50%左右；2004年攀升到60%以上，2005年已经占据70%的份额，2008年以后中国抗虫棉品种的种植率已经超过95%。如今，国产抗虫棉种植面积已经占到全国抗虫棉面积的98%以上，以绝对优势占据了国内抗虫棉市场。目前，培育省审和国审的单双价抗虫棉品种近200个，国审三系杂交抗虫棉品种5个以上，全国累计种植面积近6.4亿亩，受益农户累计超过6000万户，累计减少农药用量1亿多公斤，为棉农增收节支超过1100多亿元。抗虫棉技术不仅降低了农药污染，保护了生态环境，还改变了一个产业。中国抗虫棉能很快研制成功，并在国内和美国抗虫棉竞争，是在国家项目的支持下，中国抗虫棉研究团队共同努力的结果，是分子生物学基因工程的专家、育种家、企业家和科技项目管理专家共同努力的结果，这是有中国特色的抗虫棉产业化推广体系，集中力量办大事。

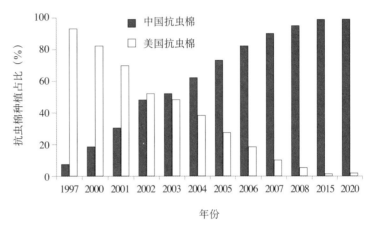

图2-64　中美抗虫棉在中国种植比例变化（中国农业科学院生物技术研究所　提供）

　　随着国产抗虫棉研制技术的成熟，中国抗虫棉优良的抗虫性和突出的综合性状引起了世界各产棉国的关注。中国先后与印度、澳大利亚和巴基斯坦签订了抗虫棉的合作项目。国产抗虫棉已经走出国门，迈向世界，参与国际竞争。中国转基因抗虫棉近20年来取得了骄人的成绩。特别是国产转基因抗虫棉的研发和产业化的成功，不仅促进了中国棉花及相关产业的发展，打破了美国的垄断，提升了国际竞争力，它推广应用的速度之快，影响力之广，所产生的经济社会效益和生态效益之大，创造了中国近代农业科学发展史上的奇迹。

（五）开启育种新时代

　　在那场跨越十余年的转基因抗虫棉竞争中，虽以中国品种全面胜出告终，但从长远审视，依然只是属于一个阶段的荣光。目前，棉花产业也出现了新的难题：内地农村劳动力越来越少，由于地块分散导致棉花无法进行机械化生产，投入产出的效益降低，使得内地棉花种植面积大幅减少。现在棉花种植区域西进东扩，西进是指主产棉区向新疆转移，目前新疆每年约有3000万亩棉田；内地的传统棉区长江流域和黄河流域目前的种植面积都锐减。东扩主要是在沿海的一些盐碱地上种棉花，如江苏盐城、河北沧州、山东东营。清除顽固杂草、培育高抗品种，是棉花科技创新的突破方向。

正如郭三堆研究员所说，抗虫棉的成功，不仅仅是一项技术的成功，更是一个模式的成功和一种精神的成功。借鉴抗虫棉的研发经验，2017年中国农业科学院生物技术研究所的微生物学家和植物科学家联合公关，利用土壤微生物基因成功培育转基因抗除草剂棉花，可耐受5倍于生产用草甘膦除草剂的浓度，而且草甘膦残留量降低了81% ~ 89%。与传统的利用栽培措施除草相比，种植转基因抗除草剂棉花每亩可节约成本150 ~ 200元。与此同时，科学家通过基因工程和分子辅助育种等培育了一系列抗旱耐盐碱性显著提高的棉花新品系，这些品系正在山东滨州中国农业科学院生物技术研究所

图2-65　抗虫抗除草剂棉花田间图片（中国农业科学院生物技术研究所　提供）

的基地做着最后的试验。未来，他们将成为我国华北、西北、东北和东部滨海地带近2亿公顷盐碱荒地资源未被开发利用的生力军，有望将盐碱荒地发展成我国的"第二棉仓"。

一个时代有一个时代的精彩，农业也在时代的浪潮中迎接新的未来。人民对美好生活需要的日益增长，要求农业在新时代继往开来。我们的科学家是清醒冷静的，他们从未停下攻关求新的脚步，正在从一个起点，走向又一个起点。近年来，国内外市场对中高端棉制品的需求以不可遏制的趋势上涨，要提高我国纺织产业国际竞争力必须有优质的棉花例如长绒棉，而我国只有新疆较小区域适合种植长绒棉，据不完全统计，我国每年需要进口优质长绒棉十几万吨。中国农业科学院生物技术研究所棉花团队拓展研究思路，突破技术瓶颈，利用纤维品质优异的海岛棉（四倍体棉花，典型特征是绒长品质好）和高产的陆地棉杂交，通过分子辅助手段，选育了跨越双35的超优质棉花品系，有望打破海岛棉区域性限制，让优质棉遍地开花。让生活更美好是科学家的理想，科技创新是理想的翅膀；让农业加速度发展是农学家的目标。抗虫棉的研制成功，体现了中国科技实力的提升，它的背后是中国科技实力的不断提升。促进我国棉花产业发展始终是棉花科研工作者探索奋斗的目标，为了让洁白棉花绽放在祖国大地，为了让无数棉农收获喜悦，为了让我国"三农"事业繁荣发展，面对险峰，棉花科研工作者无畏攀登。

十、呵护好农业"火种"*

导语：新中国成立初期，我国主粮作物亩产低，口粮问题难以解决。随着农业科技进步与育种技术创新，一批批高产优质绿色农作物新品种选育成功并被推广利用，使品种更换周期由原来的10年以上缩短到6～7年。如今我国粮食总产连续5年超过6.5亿吨，中国彻底告别了吃不饱的历史，这些都得益于农业"火种"——种质资源的收集保存与有效利用。

为了呵护好"火种"，我国几代科学家历经数十年从无到有建立起国家作物种质库，确保52万份珍贵农作物种质资源的安全保存，见证了我国从资源落后国向世界资源大国迈进的巨大进步。

（一）抢救性保护"火种"

古老种质资源是历史的传承者，含有培育新品种所需的优异基因，已被世界各国和国际组织公认为战略性资源。谁抢先占有了种质资源，谁就掌握了种业竞争的主动权。

历史上，来自中国的大豆种质资源，成就了美国大豆产业的繁荣。1954年，美国大豆生产暴发孢囊线虫病，产量下降竟高达50%以上。眼看各种化学农药纷纷败下阵来，科学家们想到了从品种上"根治"大豆孢囊线虫病，也就是培育新的抗病品种。但是抗病基因从何而来呢？他们"翻箱倒柜"找到了20世纪初从中国收集的"北京小黑豆"品种，从中找到抗病基因并育成

---

* 本文图片均由中国农业科学院作物科学研究所提供。

了高产抗病新品种，帮助美国大豆产业逐渐复苏。此外，美国孟山都公司从我国的野生大豆种质资源中发现了控制高产性状相关的基因，于是利用该野生大豆为亲本，与普通栽培大豆品种杂交，培育出了高产大豆新品种，进一步促进了美国大豆的高产育种。

中国农业历史悠久，生态环境复杂多样，种质资源类型丰富。例如，水稻资源中既有两米多高的巨型稻（药用野生稻），也有几十厘米的"小矮人"（疣粒野生稻）；既有颜如"红玛瑙"的梯田红米，也有富含花青素的黑米……多种多样的种质资源中蕴含着巨量的遗传变异。但是，在19世纪40年代，中国沦为半殖民地半封建社会，外受列强侵略与掠夺、内受反动统治者的压迫与奴役。当时的政府无力收集和保存作物种质资源，民众也无保护意识，丰富的种质资源只能散落在山野田地中或自生于林间水塘边。

到了20世纪上半叶，世界各国都开始重视种质资源的收集和保存，并把它作为发展农业生产的一项重要战略。当时，我国以丁颖、金善宝为代表的留学归国的农业科学先驱们，利用工作之余、闲暇之时自发地收集了一些作物种质资源，保存于实验室、仓库或田间。虽然他们也做了一些研究，但囿于当时有限的条件，很难有计划、系统地收集与保护，更谈不上全面广泛地为育种与生产服务。

由于缺乏集中保存设施和有效技术条件，种质资源散落在各单位，得而复失现象极为严重。例如，几经周折收集到的中国北方水稻品种资源2000余份全部丧失发芽力，云南省收集的约7000份水稻品种资源丧失殆尽……1956—1957年，农业部组织开展了第一次全国农作物种质资源普查，对全国地方品种进行大规模征集，共征集了大田作物53种21万份、蔬菜88种1.7万余份种质资源。

1959年，中国作物种质资源奠基人董玉琛从苏联瓦维洛夫研究所留学归来，分析了我国作物种质资源的现状，提出了"作物品种资源"的概念。作物品种资源在长期自然演化和人工驯化过程中积累了独特的优良遗传性状，蕴藏着丰富的优良基因，具有不可再生和不可创造性，一旦消失，就难以再创造出来。从中央到地方开始逐渐意识到，这些珍贵的作物品种资源亟须抢救性保护。

（二）为农业"火种"安家

保住中国古老的珍贵种子，必须建立种质库，让珍贵的农业"火种"有个安家的地方。中国农林科学院多次向上级部门提交报告，申请尽快建立国家作物种质库，对我国农作物品种资源，特别是对一些濒危物种与野生种进行抢救性保护。为此，在1975年国家经济非常艰难的情况下，根据原中国农林科学院专家建议，中央正式批示尽快建立国家作物种质库。经过十多年的艰苦奋斗与不懈努力，先后建成两座国家作物种质库，分别用于种质资源的中期保存与长期保存。

建库初期，筹备组成员面临着"一没经验、二缺技术"的困境。但是，"自古华山一条路"，大家下决心克服一切困难、立志要建成国家作物种质库。没有现成的经验，筹备组成员凭着跟电视大学学的英语，硬是查阅了当时世界各国的几乎所有相关资料；缺乏种质资源保存技术，就积极到先进国家去学习；没有配套设备，跑遍了国内几十家生产企业、科研单位，精心谋划，反复推敲，制定了科学合理的国家作物种质库建设方案。

1978年，改革开放的春风拂遍神州大地。中国农业科学院作物品种资源研究所正式成立，我国作物种质资源事业开始全面腾飞，跃入新阶段。一座寄托着我国农业"火种"传承希望的国家作物种质库，也终于开始在北京动工修建了。1984年8月14日，是值得铭记的一天。这一天，我国自行设计、全部采用国产设备的第一座现代化国家作物种质库（中期库）宣告建成。《人民日报》《光明日报》《中国农民报》等媒体纷纷报道。随后，该库投入使用，并成为"七五"期间国家攻关项目的重要支撑平台，仅用5年时间就完成了20万份作物种质资源的入库保存。

同年，在国际组织的部分资助下，我国开始建设第二座国家作物种质库。这座作物种质库容量更大（40万份），保存条件更完善（-18℃、湿度低于50%）。1986年10月15日，国家作物种质库（长期库）终于以优质工程落成，日处理种子能力200份，堪称世界一流。在常温下，作物种子通常只能保存1～2年，但是在这座种质库里，种子保存寿命可延长到50年以上。

在作物种质库建设过程中，中国农业科学院作物品种资源研究所全体人员，包括领导与老专家在内，都参与到搬运材料等建造工作中，场面既壮观又感人。可以说，这两座国家作物种质库，是科技人员用双手"抬"起来的。

为了防止自然灾害和意外情况造成种质资源的损失或绝灭，1992年，我国又在青海西宁建立了国家作物种质复份库，用于"备份"国家作物种质库保存的全部种质资源。另外，中国农业科学院相关研究所分别建立了粮食作物、水稻、蔬菜、棉花、油料、牧草、西甜瓜、麻类、烟草、甜菜等10座中期库，用于各类种质资源的中期保存和分发利用；同时，全国还建立了43个种质圃（含2个试管苗库），用于保存多年生和无性繁殖作物种质资源。由此，我国创建并形成了世界上唯一的中期库、长期库、复份库、种质圃相配套的种质保存完整技术体系，使中国成为名副其实的种质资源大国。

自此，我国多种多样的农业"火种"有了家。截至2020年底，保存资源总量达52万份，其中国家作物种质库（长期库）保存45.1万份，43个种质圃保存6.9万份；保存总量仅次于美国，居世界第二位。

图2-66 国家作物种质库（长期库）外观

图2-67 国家作物种质库（长期库）内景

（三）打造全国一盘棋

1979年2月，第一次全国农作物品种资源科研工作会议召开，会上确定了"广泛收集、妥善保存、深入研究、充分利用、积极创新"二十字工作方针，为我国农作物品种资源工作指明了方向，有力地促进了全国研究工作体系的建立与工作开展。

1980年，全国掀起了开展种质资源工作热潮。湖北、山西、广西等省份分别成立了作物品种资源研究所，中国农业科学院所属水稻所、棉花所、油料所等十几个研究所也分别建立了种质资源研究室，形成了全国作物种质资源研究协作网，并明确了各作物的牵头单位，种质资源工作得以快速、稳定、持续地发展。

为了完成我国种质资源入库长期保存，在全国种质资源工作者的参与下，中国农业科学院作物品种资源研究所组织对20世纪50年代征集的种质资源进行了活力测定和摸底排查。结果不容乐观，原有的21万余份种质资源只有16万余份还有发芽能力，损失了近四分之一。在农业部的大力支持下，1979—1984年开展了第二次全国农作物种质资源普查，对资源进行补充征集。历时5年，共征集到60多种作物11万余份种质资源，及时挽救了大批珍贵资源。

与此同时，国家还陆续组织开展了云南、西藏等地区的综合考察，以及野生稻、小麦野生近缘植物、野生大豆、果树、牧草等全国专业性考察，连同"七五"期间的神农架及三峡地区、海南岛考察，"八五"期间的大巴山（含川西南）、黔南桂西考察，"九五"期间的长江三峡库区、赣南粤北等地考察，新发现和收集到8万余份农业"火种"。

为丰富我国种质资源多样性和战略储备，依据资源对外交换、引进等相关管理办法，我国与种质资源多样性丰富的国家、种质资源研究专业国际组织等建立深度合作与有序交流，积极引进国外优异种质资源，为新基因发

图2-68　董玉琛院士带队在野外收集种质资源

掘、新品种选育和相关产业发展提供了重要物质基础。

（四）建立行业指标体系

对种质资源进行鉴定评价，才能使其更好地服务于作物育种与产业发展。在国家相关部门的支持下，中国农业科学院作物品种资源研究所陆续建立了品质分析、抗逆鉴定、抗病虫鉴定以及引种检疫等多个资源鉴定评价实验室，随后全国各地也纷纷筹建相关实验室，形成了全国种质资源鉴定评价研究工作体系。全国每年都有1000余名科技工作者参与作物种质资源鉴定评价工作。据不完全统计，1981—2000年20年中，从育种、科研、生产实际需要出发，新建和规范种质资源鉴定方法29项，鉴定出作物种质2100万项次，从中评选出优异种质1475份。其中，168份直接用于生产，累计种植面积3680万公顷，新增利润203.55亿元；386份作为亲本育成新品种427个，累计推广22360万公顷，新增产值1647.63亿元。

刘旭院士在参与组织我国种质资源协作攻关时，较早地关注到种质资源研究中的技术规程与技术规范问题，带领团队在国际上首创了3824个作物种质资源技术指标，系统集成了1793个技术指标，统一规范了9436个技术指标，系统研制了196种作物种质资源数据质量控制规范、描述规范和数据规范。利用技术规范对收集的资源进行鉴定评价及编目保存等工作。

图2-69 种质资源描述规范和数据标准

由刘旭院士带领团队研究的中国农作物种质资源本底多样性和技术指标体系及应用，取得了显著成效。2004—2007年分发种质11.18万份次，直接应用于生产265个，育成新品种231个，累计推广面积9.17亿亩，间接效益985.34亿元，为作物种质资源高效利用、保障粮食安全和农业可持续发展奠定了坚实基础。

随后，全国开展了种质资源鉴定工作，为推进种质资源在保护中利用与利用中保护的协调发展奠定了基础。近3年来，完善主要粮食作物鉴定技术规范3套，完成主要粮食作物鉴定8000份，筛选优异种质1656份，创制出目标性状突出、综合性状优良的优异新种质377份，并将创新种质提供育种单位有效利用925份次。

同时，构建了作物种质资源信息管理平台，通过信息共享带动实物共享。由于技术创新与信息整合，促使种质资源共享利用提升到一个新高度。

据2018—2020年的不完全统计，共享信息102万份次，共享种质33万份次，用户单位6309个，支撑新品种培育260个，支撑国家重大项目（课题）965个，支撑国家级科技成果11项，省部级科技成果45项。

（五）星星之火成燎原之势

为了能更好地发挥种质资源在作物新品种培育中的作用，就必须做到种质资源"在保护中利用、在利用中保护"的协调发展。为了提升产量、改良品质、增强抗性，种质资源工作者千方百计从库圃保存的资源中挖掘优异基因，创制出一大批突破性新种质，进一步推动我国农作物自主品种率达到95%以上。

为了发掘和利用小麦野生近缘植物中的优良基因，董玉琛院士率领研究团队，对小麦野生近缘植物进行了全面收集与鉴定，首次成功进行了小麦与新麦草属、冰草属和旱麦草的属间杂交。中国农业科学院作物科学研究所李立会研究员继承了董玉琛院士的学术思想，继续带领团队建立了小麦远缘杂交新技术体系。当时我国小麦常规育种进入艰难的爬坡阶段，在多样性亲本资源缺乏、小麦育种难以取得突破的情况下，李立会将研究瞄准了冰草属小麦野生近缘植物，因其具有多小穗、多小花的大穗特性以及极强的抗寒、抗旱性，和对多种小麦病害表现出的高度免疫性。李立会从1988年开始开启了将冰草属植物中的优异基因转入小麦的研究。他首次获得了小麦-冰草杂种后代，破解了小麦与冰草属间远缘杂交的国际难题，创制出多粒、高千粒重、广谱抗病性、小旗叶优良株型等新种质，育成了普冰2011等多个小麦新品种，实现了从技术研发、材料创新到新品种培育的全面突破，引领当代育种发展新方向，提升了我国小麦种质资源的原始创新能力和国际影响力，为我国小麦绿色生产和粮食安全作出了巨大贡献。

图2-70　通过远缘杂交技术创制的小麦-冰草新种质

　　基因资源是小麦育种取得突破的材料基础。近年来，快速发展的小麦基因组学正孕育着一场新的小麦"绿色革命"。中国农业科学院作物科学研究所贾继增研究员一直致力于小麦基因资源研究。他带领的团队在世界上率先完成了小麦D基因组供体种的全基因组测序，促进小麦研究进入基因组学时代。他和团队在国际上开发了第一款具有我国自主知识产权的单张高密度小麦单核酸多态性（SNP）分子标记芯片，结束了我国长期使用外国分子标记的历史，成为目前世界上实用性最强、通量最高的小麦SNP芯片。

　　水稻是世界主要的粮食作物，提高水稻产量是科学家们不懈追求的目标。植物株型是一种非常复杂的农艺性状，是影响作物产量的主要因素，通过植株高度、茎枝数和穗粒数等植物株型的适当改良，可以显著提高作物产量。中国科学院院士、中国农业科学院作物科学研究所所长钱前长期从事水稻种质资源研究。他带领团队充分发挥水稻生物学多学科合作的优势，发掘了近5万份可用于遗传分析与基因功能研究的材料。2018年，中国科学院院士李家洋与钱前等科学家充分利用基础理论研究成果，建立了水稻分子设计育种的理论框架与技术体系，培育了基于理想株型的"嘉优中科"系列水稻新品种和具有籼稻产量、粳稻品质特征的"广两优"系列品种。这些品种目前已经在长江流域进行推广。这一重大成果被评价为继"矮化育种"和"杂交水稻"后的第三次重大突破，标志着"绿色革命"的新起点。

随着生活水平的提升，人们对高品质果蔬的需求量越来越大。桃果味道鲜美，营养丰富，是人们最为喜欢的鲜果之一。桃原产我国，普遍存在品种商品性差、品质不高等问题，中国农业科学院郑州果树研究所创新利用我国丰富的桃地方品种和野生近缘种的优异种质，育成了我国目前栽培面积最大的蟠桃品种"中蟠桃11号"和油蟠桃品种"中油蟠9号"，使桃果品质得到明显改善，满足了中国人的"蟠桃梦"。武汉市农业科学院蔬菜研究所保存着世界上种类最丰富的莲藕种质资源，截至2020年底，依托"国家种质武汉水生蔬菜资源圃"的莲藕资源，该所选育出鄂莲系列莲藕新品种16个，占全国育成品种的53.6%，在全国的种植覆盖率达85%以上；近10年累计推广面积5000万亩，取得了良好的社会效益和生态效益。

除了吃以外，种质资源的开发利用与我们的衣服也息息相关。长期以来，人们穿着的色彩斑斓的服装，全靠染色、漂白、煮炼而成，布料印染中使用的化学试剂不可避免会对人体产生危害。为此，我国科学家采用远缘杂交、系统选择、南北轮回选育的品种改良技术，将外源有色纤维性状转育进白色棉栽培品种中，培育出了棕絮1号、绿絮1号、中棉所51、中棉所81等多个有色棉新品种，并应用到新型纺织品中，促成了我国第一批天然彩色棉纺织品的问世和批量生产，也进一步促进了我国彩色棉的产业化发展。

（六）守护"火种"奏响金色乐章

2015年2月，农业部、国家发展和改革委员会、科学技术部发布了《全

图 2-71　第三次全国农作物种质资源普查与收集行动现场

国农作物种质资源保护与利用中长期发展规划（2015—2030）》（以下简称《规划》），提出了农作物种质资源保护与利用的总体思路和发展目标，为新时期种质资源保护与利用工作指明了方向。根据《规划》部署，农业部于2015年启动了第三次全国农作物种质资源普查与收集行动，计划对全国2228个农业县进行农作物种质资源全面普查，对其中665个县的农作物种质资源进行抢救性收集。

作为此次普查与收集行动的首席科学家，刘旭院士带领全国资源单位开展种质资源普查与收集行动。近6年来，已基本完成湖北、湖南、广西、重庆、江苏、广东、浙江、福建、江西、海南、四川、陕西、北京、天津、河北、安徽、西藏、新疆等31个省份和新疆生产建设兵团总计2323个县（市、区、旗）和片区的全面普查以及291个县的系统调查，抢救性收集各类作物种质资源累计9.2万份。经与国家种质库（圃）保存资源信息比对，这些资源中97.7%是新收集资源。预计到2023年，我国将全面完成第三次全国农作物种质资源普查与收集行动，实现对全国2323个农业县（市、区）系统调查的全覆盖。

农作物种质资源普查01　　农作物种质资源普查02

图2-72 普查中收集到的丰富多样的玉米种质资源

随着新收集种质资源数量的不断增加，现有国家作物种质库容量难以满足当前需求，亟须建立一座保存容量较高的新库。经国家发展和改革委员会审批立项，国家作物种质库新库于2019年2月26日正式开工建设。新库保存容量高达150万份，将成为单体保存容量最大的国家级种质库，可解决现有国家库保存容量严重不足的问题，能满足未来50年的发展需求。

新库将在低温种子库基础上，增加试管苗库、超低温库和DNA库，建成体系化、综合性的保存设施，能长期妥善保存包括无性繁殖作物在内的各类种质资源。新库具有智慧管控系统和自动化存取系统，能满足我国丰富种质资源安全保存与有效管理利用的迫切需要。2021年8月，新库即将投入试运行。新库将成为国家农作物种质资源的战略保存中心、技术研发中心、管理与共享服务中心、科普教育和国际交流中心，为现代种业科技创新提供强有力的技术支撑。

2020年2月11日，新中国成立以来首个专门聚焦农业种质资源保护与利用的重要文件——《国务院办公厅关于加强农业种质资源保护与利用的意见》正式发布，首次明确了农业种质资源保护的定位、基本原则、责任主体以及工作机制，开启了农业种质资源保护与利用的新篇章。

2021年中央1号文件及中央经济工作会议均提出，要加强种质资源保护和利用，加强种质库建设，立志打一场种业"翻身仗"。

功在当代，利在千秋。保护农作物种质资源是一场接力跑，新一代种质资源工作者要跑好，才能让下一代接得住。在习近平新时代中国特色社会主义思想的指引下，种质资源工作者将继续不懈努力奋斗，让农业"火种"薪火相传、生生不息，助力我国实现作物种质资源强国梦，书写好中华民族伟大复兴的"三农"新篇章。

图2-73 国家作物种质库新库的外观效果图

十一、"肥"安天下保丰收

导语： 肥料是保证粮食安全的重要生产资料。2020年我国粮食生产喜获"十七连丰"，粮食产量连续6年站稳1.3万亿斤台阶。在金色的丰收画卷背后，是农业科技的"硬核"支撑。

肥料作为粮食的"粮食"，是农业科技物化的产品。它走过了从农家肥到化肥，从"土"到"洋"，然后又"洋"为中用，再到"土""洋"结合的发展道路。正是这个粮食的"粮食"，支撑起了粮食总量的节节攀升，并用科技兴农的理念和信心谱写出了"肥"安天下的壮美华章。

（一）粮食的"口粮"亟待破解

庄稼一枝花，全靠肥当家。植物就像人一样，也需要营养，它"吃"好了、"喝"好了，才能长得好。因为植物生长在土壤里面，它要从土壤里面获取养分，但是往往不是所有的土壤都能提供它所需要的营养。那就需要给它提供肥料，通过肥料来给植物提供土壤不能满足它的这一部分营养。

中国是一个农业古国，也是一个农业大国。几千年的中华农耕文明，有机肥发挥了非常重要的作用，尤其在自给自足的传统农业模式下，农业的肥源主要是农家肥，也就是粪肥，包括畜禽粪便、人粪尿等，中国成了世界上有机物、家畜粪肥、人粪尿循环利用最好的国家，也成了种养循环的典范。

农家肥虽然具有养分含量多样、疏松土壤等优点，但也存在着有效养分含量低、肥效迟缓等缺点。中国土地耕作数千年，单靠农家肥已满足不了粮食增产的需要，也很难解决日益增长的人口的温饱问题。"粪肥"当家的年代，我国粮食产量很低。据统计，新中国成立初期，我国小麦亩产只有50公斤左右，稻谷亩产150公斤左右。

"手中有粮，心里不慌。"长期以来，粮食问题一直是我国最急迫要解决的重大问题。如何让庄稼吃饱，解决粮食的"粮食"问题就尤为迫切，且亟待破解。

（二）化肥"工业梦"撑起"中国粮"

19世纪初，德国科学家李比希创立了矿物营养学说，确定了植物从土壤中吸收的氮磷钾等矿物盐类是植物生长的营养物质。20世纪初，在西欧学术思想与现代农业生产技术传播的影响下，中国开始了化肥施用与生产。自此，中国人为圆化肥"工业梦"，在"引进来"的基础上自力更生，艰苦创业，依靠科技的不断进步撑起了"中国粮"！

1.化肥兴起，氮肥当先

化肥是用化学和（或）物理方法制成的含有一种或几种农作物生长需要的营养元素的肥料，也称无机肥料，包括氮肥、磷肥、钾肥、复合肥料等。与农家肥不同的是，化肥是高效的营养物质，其养分含量高，肥效快，能为作物生长提供养分，改善作物和土壤营养水平，提高农业生产力。但其推广却历经了艰难而漫长的半个多世纪。

1901年，我国进口了硫酸铵（当时叫做"肥田粉"），化肥从日本输入我国，首先在台湾甘蔗上施用，拉开了我国应用化肥的序幕。自20世纪初一直持续到20世纪30年代，我国所用化肥都是从英国、德国进口，化肥行业让国外公司高度垄断，让国人对自己生产化肥望眼欲穿。1937年2月5日，

图2-74 "肥田粉"
（甘肃省农资化肥有限责任公司孔杰 提供）

坐落在南京卸甲甸的永利化学工业公司铔厂，产出了中国第一包"红三角牌"化肥，从此中国人有了自己的化肥，翻开了中国化肥工业史上的第一页。

20世纪50年代初，我国的化肥工业几乎是一片空白。当时国家认为发展化肥要选择氮肥为先，并根据我国国情，首先从苏联引进设备，随后开发了合成氨联产碳铵生产工艺。

碳铵，即碳酸氢铵，是一种极弱的酸性肥料，很易分解，老百姓称它为"气儿肥"。因其易分解，含氮量低，且因怕热而难以作为生产复混肥的氮源，因此国际上没人用，但由于其制备流程简单、能耗低、投资小，在中国得到了迅速发展。然而，在国外被学者誉为"劣质肥料"的碳铵一度占到我国用氮量的54%～58%，在农业生产中发挥了巨大作用，碳铵成了中国当时特有的一种肥料。

20世纪60年代后，中小氮肥厂在全国遍地开花，最盛时期达到1600多座。到70年代，氮肥对农业生产的重要作用已被认可，农民开始自觉购买和施用氮肥来获得农业高产。但我国化肥生产仍不足，农作物就像一个忍饥挨饿的孩子，经常出现营养不良状况，粮食产量偏低。

1973—1976年，我国从国外引进13套大化肥装置，迅速提高了氮肥工业的技术水平和尿素比例。到80年代末至90年代中期，我国氮肥自给率迅速提升。2003年实现氮肥净出口。

2.突飞猛进，百花齐放

20世纪50年代初，中国主要施用氮肥，而缺磷成为产量限制因子，因而50年代末60年代初磷肥的施用提到施肥计划中；80年代后期由于大面积的缺钾导致钾肥消费急增。因而，我国化肥产业是以先氮肥、后磷肥、再钾肥、复（混）合肥的次序在发展。

磷肥是作物必需的第二大营养元素肥，对促进作物生长和保障粮食安全有着重要的作用。与氮肥工业相比，中国磷肥工业"大器晚成"，从过磷酸钙、钙镁磷肥、硝酸磷肥、磷酸铵到磷复肥，整整摸索了半个世纪之久。

中国磷肥工业始于1942年建立的昆明裕滇磷肥厂。1955年开始生产普通过磷酸钙；1959年生产出钙镁磷肥。从此，填补了中国没有磷肥的空白。

改革开放以来，中国磷复肥工业实现了行业从小到大，技术由弱渐强，产品从单一到多元、从低浓度到高浓度的跨越式发展，尤其20世纪80年代，中国陆续引进的一批高浓度磷复肥生产技术和装置相继建成投产，带动了复合肥快速兴起。2005年，我国磷肥产量首次跃居世界第一位；2006年，国产磷肥实现自给自足。

氮磷钾作为作物必需的肥料"三要素"，缺一不可。中国钾肥也同样是依靠攻坚克难、艰苦奋斗的精神不断发展壮大的。1958年，在青海格尔木察尔汗盐湖诞生了中国第一袋钾肥，实现了中国钾肥零的突破。60多年来，通过几代人不断创新发展，我国钾肥由完全依赖进口到自给率已超60%，成为世界第四大钾肥生产国。

我国氮磷钾基础肥料得到快速发展。1999年，中国生产的化肥已达3001万吨（折纯），占世界总产量的20%，居世界第一；中国化肥消费量

4124万吨，占世界总消费量的30%，居世界第一。2000年，中国化肥达到基本自给水平。

（三）为现代农业插上"金翅膀"

进入21世纪，由于我国肥料大多还停留在20世纪七八十年代的水平，仍以单质肥为主，特别是不平衡与不合理施肥，水体富营养化、土壤养分失衡等负面效应也逐渐显现出来。

据统计，我国化肥平均当季利用率仅有30%～35%。作物施肥就好比人吃饭，人饿了得吃饱，但吃饱了就不能再吃，撑着反而伤身体。20世纪70年代初1公斤化肥能生产7.5公斤的粮食，下降到1公斤化肥只能生产1.2公斤粮食，化肥的报酬率也严重递减。

藏粮于地，藏粮于技。张福锁院士等一批肥料专家认为，依靠改土施肥等传统的思路解决不了既要增产又要环保的问题，必须创新理论和技术，找到粮食增产与环保协同的新途径。产品创新与施肥技术升级势在必行。各种专用肥、缓控释肥、稳定性肥料、水溶肥、硝基肥等新产品不断涌现。

1.测土配方，科学施肥

2004年6月9日，一位普通农民——湖北省枝江市安福寺镇桑树河村曾祥华，握着温家宝总理的手激动地说出自己的心愿："能不能请专家给测测土，看看缺哪种肥，好配方施肥。"

据介绍，测土配方施肥技术从20世纪80年代开始在我国示范推广。2005年，农业部开展测土配方施肥春季行动以来，BB肥（掺混合肥）作为这一技术的物化产品也顺势兴起，在我国较大面积推广应用。

化肥的生产和施用曾带来一次农业革命，实行测土配方施肥无疑带

图2-75　农化服务人员深入田间为返青小麦测土，了解其需肥情况（张勇　摄）

来又一次农业革命。全国测土配方施肥技术专家组组长张福锁院士带领全国专家，从"测、配、产、供、施"五个核心环节创新技术、制定技术规范、探索技术应用新模式、开展试验示范指导等工作，建立了政府测土、专家配方、企业供肥、农民最终施用的"政产学研用"一体化模式，推动了满足土壤和作物需要的"一袋肥料"行动。测土配方施肥技术的推广，改变了农民长期大肥大水、盲目施肥的状况，如水稻常规施肥，按折纯计算，一般施肥都在22公斤/亩以上，测土配方施肥只需16公斤/亩左右。施肥讲究了，化肥利用率可提高5%～10%，增产率一般为10%～15%，亩节约成本10～20元。目前，全国测土配方施肥技术应用面积超过了18.5亿亩次，技术覆盖率达85%，配方肥已占到粮食作物施肥总量的60%以上。

2.种肥同播，省工省时

我国化肥利用率偏低，给环境带来了负面影响，这个问题在氮肥的利用上尤为突出。缓控释肥的兴起正好顺应了这一形势，而且主要控氮，提高利用率效果显著。

说到缓控释肥，人们并不陌生。近年来，人们口服缓控释片用以治疗心血管、神经系统和呼吸系统疾病的系列药品，其原理与肥料中的缓控释技术一样，都是采取包衣等技术延迟或控制药物释放。

图2-76　2006年控释肥成了第七届国产高浓度磷复肥产销会一大亮点（张琴　摄）

我国缓控释肥研究起步于20世纪70年代，90年代以后，其研制逐步加强，进入21世纪，进入快速发展期，被称为"21世纪的肥料"。

现在，说到缓控释肥料，许多人就会想到能使金鱼在放有化肥的水里自由自在游玩的那种肥料。这正是它与传统速效化肥不同的地方，具有长效、可控、缓释，其肥料养分不会一下全部释放，而是根据作物需肥规律缓慢释放。

缓控释肥可比速效氮

图2-77　第七届国产高浓度磷复肥产销会上，"控释肥、水和金鱼的故事"引起各地厂商驻足观看（张琴　摄）

肥利用率提高10% ~ 30%，省肥省工省时。为此，政府先后出台了一系列政策予以支持和鼓励发展，尤其《国家中长期科学和技术发展规划纲要（2006—2020年）》《"十一五"国家科技支撑计划》和2007年中央1号文件等都把缓控释肥列入重点发展领域，这一产业真正迎来了春天。

图2-78 山东安丘市农业局现场对施用缓控释肥的生姜进行测产（张勇 摄）

2006年3月，我国第一条30万吨控释肥项目正式投产。多年来被誉为"贵族肥料"，且主要用于高附加值经济作物的控释肥终于在我国开始大批量生产，实现本土化。同时，结合测土配方施肥进行二次加工生产控释BB肥，将缓释和速效相结合，进一步降低控释肥生产成本，一次性施肥不用追肥，使大规模应用于大田作物成为了现实。

"十一五"期间我国缓控释肥年均发展速度超30%，也随之催"热"了

图2-79　2009年缓控释肥种肥同播技术一经推广，备受关注（张琴　摄）

图2-80　小麦种肥同播机在田里忙碌着（刘一凡　摄）

种肥同播技术，即一次性完成播种和施肥两道工序，后期不再追肥。自2009年以来，缓控释肥"种肥同播"技术得到了推广应用，辐射山东、河南、河北、安徽及东北粮食主产区，不仅改变了农民传统施肥习惯，还让农民初尝机械化施肥，发挥了"良肥＋良法＋良种"配套使用的综合效益。以往20亩玉米，人工追肥要10个工时才能完成，而用"种肥同播"技术半个工时就能完成，每亩可节约成本 100 元左右。

3．水肥一体，控水减肥

在缓控释肥生产实现本土化、规模化的同时，水溶性肥料也在广东、广西、云南等地"火"了起来。

走进蔬菜大棚、果园，时常会看到，一根根铺设的管道整齐地延伸在蔬菜和果树间，通过灌溉施肥将水溶肥溶解在水中，使肥料随着水通过小小的滴头输送到植物根区，既节水节肥，又省工，水肥一体化为发展现代农业开启了新思路。

水溶肥
生产线

我国水资源贫乏，且分布极不均匀，干旱已成为影响我国农业增产增收最主要因素。水肥一体化"控水减肥"，被誉为现代农业"一号技术"。

图 2-81　在云南景洪市景讷乡纳法村联大农业公司香蕉基地，水肥一体化管道顺着香蕉树延伸着
（张琴　摄）

图 2-82　水肥一体化在经作区应用广泛（张琴　摄）

"水是庄稼血，肥是庄稼粮"。水溶性肥大致分为大量元素水溶肥、微量元素水溶肥、含腐殖酸水溶肥、含氨基酸水溶肥。2000年以前我国水溶肥基本依赖进口。从2006年开始，我国水溶肥产业开始逐步形成。2014年，进入了"鼎盛"期，其产量呈加倍增长态势。水肥一体化技术在全国的应用面积以年均1000万亩以上的速度持续增加。一些地方还兴起了液体配肥站、无人机施肥等施肥模式。

伴随着缓控释肥、水溶肥、液体肥等新型肥料的快速发展，肥料科技的进步为我国农业插上了"金翅膀"。通过"良肥＋良法"农业生产机械化、自动化、精准化

图 2-83　无人机施肥在一些地方已推广应用（孙向东　供图）

成了现实，既省工又省力，农民种地变轻松了，再也不用面朝黄土背朝天地劳作，农业生产效率有了大幅提高，粮食产量也有了大幅提升。截至2018年，我国粮食平均亩产由改革开放之初的337斤提高到749.4斤。

（四）从源头为农业增"绿"

自化肥进入我国以来，我国施肥从有机到有机无机相结合，再到"重无机轻有机"，尤其到20世纪80年代，我国从自给自足农业迈向化学农业发展阶段，有机肥被重视程度由热到冷，化肥逐步替代了有机肥的主导地位。但由于多年"重无机轻有机"施肥理念，肥料越用越多，地越种越"馋"，而有机肥投入越来越少，耕地质量下降、环境压力等问题也日益突出。针对这些问题，我国颁布了一系列政策，积极推动科学施肥，实现减肥增效，从源头为农业增"绿"，助推农业高质量、可持续发展。

1.改土养地，肥沃土壤

化肥使用并不是越多越好，一味滥用化肥，不仅会使农作物像家里被溺爱的孩子影响生长及粮食产量，甚至会导致土壤酸化，所以合理使用化肥至关重要。

2015年2月，农业部制订《到2020年化肥使用量零增长行动方案》；2017年2月，农业部发布《开展果菜茶有机肥替代化肥行动方案》；2019年中央1号文件明确提出，加大农业面源污染治理力度，开展农业节肥节药行动，实现化肥农药使用量负增长。

这一系列政策激发了农业生产新动力，"种地先养地""提升耕地质量"的呼声也越来越高，有机肥又重新回归，有机无机相结合也再次成了科学施肥的原则。

我国提倡有机无机结合，这是肥料的发展方向，有机肥营养全面，能够培肥土壤，可以带来更多的碳，让土壤变得更肥沃。

图2-84 使用生物有机肥后，土壤中蚯蚓常见，且变疏松（宋心怡 摄）

但有机肥的回归，已不再是过去农家肥的简单施用，而是开始"粗粮细作"，加入了微生物技术、引入了生物菌剂，不仅关注养分含量，而且开始注重养分形态及其科学搭配，尤其具有改土、养地、提升作物抗逆性的功能性肥料也受到了重

生物有机肥生产线

视。生物有机肥、微生物肥、有机无机复混肥等有机（类）肥料得到快速发展，有机（类）肥料产能连续多年以300万吨/年左右的速度在增加。

伴随着化肥零增长行动的深入开展，为作物"量身订制"套餐肥也悄然兴起。套餐肥，即提供从种植到成熟全过程的作物完全营养解决方案，以测土数据为基础，依据"大配方、小调整"的原则，进行套餐的科学搭配，不仅含有氮、磷、钾高浓度复合肥、专用肥等"精米""白面"，还包括"五谷杂粮"式的土壤调理剂、生物有机肥、叶面肥及中微量元素肥。这样一来，

图2-85 功能性肥料植株抗倒伏对比，示范田效果明显（周法永 提供）

套餐肥对作物的养分供应均衡合理，作物不仅能"吃饱"，还能"吃好"，土壤质量有了改善和提升，作物病虫害也少了，提质增效，增产又增收。

图2-86 山东寿光圆茄子大棚中，农户王建林的圆茄子用套餐肥后个大、表皮发亮、果圆、颜色深，老王笑开了花（张勇 摄）

2.减肥增效，绿色发展

为了能让农民科学施肥，张福锁院士在全国各地建立"科技小院"，致力于为农作物量身打造专属"食谱"，给全国不同地区提供施肥建议，助农实现减肥增效，助推各地农业绿色发展。

2009年5月5日，"中国农业大学-河北曲周万亩小麦玉米高产高效示范基地"在白寨乡揭牌，第一个科技小院也顺势落户白寨乡。自此张福锁院士带领团队来到农村与农民同吃、同住、同劳动，更加直接地为农民解决生产中存在的问题。2009—2015年间，当地小麦、玉米产量分别提高了28.2%和41.5%，而化肥用量增长很少，实现了区域绿色增产增效的目标，农民增收2亿元以上。

图 2-87 张福锁院士在河北曲周白寨科技小院示范田察看小麦减肥增效效果
（中国农业大学资环学院 提供）

曲周的成功经验在全国得以推广。各地的"科技小院"如星星之火，呈现出燎原之势。现如今，全国30多个省（自治区、直辖市）的269个科技小院，正在带动2000万农民在5.6亿亩土地上实现增产增收。

可喜的是，近年来"有机＋无机"科学施肥理念深入农心，减肥增效逐步成了企业自觉行动，化肥产量开始下滑，2018年化肥总用量较2017年减少了206万吨，减少了3.5%。

2016年，张福锁团队在国际顶尖学术杂志《自然》上发表研究论文《科技小院让中国农民实现增产增效》，把中国科技小院的故事传播到世界各地。2019年，继科技小院落户东南亚之后，中国农业大学开始招收非洲专项研究生，并在非洲开设科技小院。

（五）把"绿色"奉献给世界

联合国粮农组织前总干事若泽·格拉齐亚诺·达席尔瓦说："要想在2030年前实现全球零饥饿的目标，需要各个国家携手努力，互助共进。无疑，中国将在这个过程中扮演重要角色。"

的确，曾经饥饿的中国，依靠肥料等农业技术创新实现了粮食产量的跳跃式提高，不仅能养活自己、实现快速发展，中国化肥也通过走出去，把郁郁葱葱的绿色带给了世界。从2007年起，中国一举成为世界磷肥、氮肥出口第一大国。在南亚、东南亚、南美以及日本、加拿大等高端市场，甚至在世界各地都能看到中国化肥。化肥装置的设计、制造以及成套设备也已经开始走出国门，走向国际，为全球粮食丰收提供中国肥料方案。

中国肥料方案协同了高产与环保，不仅能提高作物产量，还能减少养分损失，保护生态环境。张福锁团队利用在全国建立的"政产学研用"一体化作物绿色增产增效技术平台，实现了粮食产量持续增长，而化肥用量持续下降，肥料利用率大幅回升的绿色转型，并且在国际上建立了农业绿色发展全球协作网，推广应用绿色增产增效技术，在促进农民增产增收的同时，减少了环境代价，被誉为全球小农户增产增效的典型范例。

"肥"安，粮才能安。随着中国肥料技术的不断进步和推广应用，让中国农民，乃至世界农民在保护环境的基础上，用最好的技术种出最好的粮食是中国肥料产业的光荣使命！

十二、"智斗"条锈病

导语：新中国成立以来，我国植保科技工作取得了很大进展，基本实现了对重大农作物病虫害的持续有效控制。

小麦条锈病是我国小麦生产中重要的大区流行性病害，曾多次在全国及西北、西南等部分麦区流行，长期影响我国小麦生产的稳定发展。从20世纪50年代起，我国植保科技工作者就开始研究条锈病的流行规律，不断提出新的综合防治策略。一代代科技工作者接力奋斗，用智慧和汗水与条锈病作斗争，有效控制小麦条锈病流行危害的故事也成为我国农业丰收众多"保护神"的一个缩影。

提起窑洞，你一定会想到西北的黄土高原，或者"米酒油馍木炭火，团团围定炕上坐。满窑里围得不透风，脑畔上还响着脚步声"这些信天游诗句，你的思绪可能因此飘向延安，甚至会看见枣园、杨家岭窑洞里的一个个伟人。

在陕西杨凌的西北农林科技大学（以下简称"西农"）北校区五台山东南脚下，也有一排窑洞。这些窑洞修建于抗日战争时期，最初是用来保护师生的防空设施。新中国成立后，其中的

图2-88 两名留学生正在窑洞实验室交谈（新军 摄）

一孔窑洞变成了学校研究小麦条锈病的实验室。

从这个特别的窑洞实验室里先后走出了李振岐、康振生两位中国工程院院士，他们带领科研团队智斗小麦条锈病的故事成为我国植物保护界的一段佳话。

（一）小麦条锈病来势汹汹

1950年，新中国的小麦生产遭遇了一场波及全国的奇怪病害：小麦叶片、叶鞘、茎秆等部位出现铁锈色的粉疱，人们从这样的麦田出来，衣服尤其是裤子上就沾满了锈粉，仿佛"黄袍加身"一般，更可怕的是，患病后的小麦籽粒瘪瘦，产量大幅下降，吃起来的口感也比正常小麦差很多。

群众不知道这是什么病害，就给它起名叫"小麦黄疸病"。当年，我国因此病害损失小麦60亿公斤，相当于全国夏季征粮的总数，可够1700万人吃一年。

图 2-89　微距镜头下的小麦条锈病
（新军　摄）

这个病害就是小麦条锈病，它和叶锈病、秆锈病组成了小麦锈病。新中国的首场小麦条锈病震惊了党和国家领导人。周恩来总理主持召开国务院专门会议，部署小麦条锈病的研究防治工作，一个全国小麦条锈病研究协作组随即成立。

李振岐当时只有28岁，从西北农学院（西农的前身）植物保护系毕业留校任教才一年。国家粮食生产危难之际，李振岐作为学校植物病虫害研究室的新成员，与以原陕西

图2-90 遭受
条锈菌侵害的
小麦叶片（新
军 摄）

省农业科学院植保专家路端谊、刘汉文等为代表的青年科技骨干，一起走进
全国协作委员会，担负起了研究和防治小麦条锈病的重任。

　　小麦条锈菌从哪里来？它们是怎样为非作歹的？在没有多少资料可借鉴
的情况下，李振岐和同事们在西北小麦产区进行了广泛调查，同时创造性地
开展室内外接种试验和太白山区不同海拔高度田间试验。那时候交通不便，
他们到野外调查或是去太白山试验站多为步行，大家的脚上都长出了鸡眼，
有人挑挖的鸡眼甚至都有200多个。为了尽快完成任务，李振岐常常每天要
爬60多公里的野兽和土匪出没的山间小道。有时赶不上到驻地吃饭住宿，干
粮加一壶水就算是一顿饭，潮湿的窝棚就成了他休息的"旅馆"。

　　经过六年艰苦工作，这些青年学者终于摸清了菌"匪"的基本特点。原
来，小麦条锈菌是一种气传性真菌，也就是靠空气传播，与其他依靠人类和
动物以及运输工具传播的病虫害不同，小麦条锈菌极其狡猾，也更难防治。
研究发现，小麦条锈菌喜欢在10～20℃的小麦活体上生长。在每年炎热的
夏季，小麦条锈菌就在陇东、陇南以及川西北等地"避暑"，当地渐次成熟

的小麦和籽粒落地后所生新麦苗就成了小麦条锈菌越夏的"乐园"。

到了11月，病菌们乘着强劲的西北风，跃上1500～5000米的高空，在陕西关中甚至更远的东南区域降落，潜伏于正在过冬的麦苗上。到了春季，当温度、湿度适宜时，这些病菌就开始活跃起来，一部分乘着东南风又飞回西北地区，更多的是在当地"流窜作案"。

仅仅10天时间，从小麦植株中吸足了营养的小麦条锈菌孢子就能从1个变成200多万个，它们聚集在1厘米^{2}的小麦叶片上，而我们用肉眼看去也不过是小指甲盖那么大一点。无数的小麦条锈菌孢子借助微弱气流，从一株麦苗上起飞，落到周边更多株麦苗上"入室盗窃"，继续繁殖和为非作歹，我国粮仓黄淮麦区就受灾了。

因此，针对小麦条锈病除了依靠田间调查和实验室分析外，还得掌握小麦条锈菌孢子在高空中的活动情况，进行立体作战和大空间研究。李振岐与同事开始了创新性探索。他们在全国首创了载玻片上涂抹凡士林或甘油来捕捉小麦条锈菌孢子的方法，发明了简易的四棱木杆捕捉器和较为高级的电动捕捉器，分别设置在甘肃华家岭和平凉、宁夏六盘山、陕西长武和华山西峰等多个监测点。

（二）一孔窑洞助力锈病追凶

小麦锈病是世界小麦生产上分布广、传播快、危害面积大的重要病害，其中以小麦条锈病发生最为普遍且严重。条锈病出现后，我国小麦一般减产20%～30%，特大流行年份减产达50%以上，甚至会造成绝产，因此这一病害被称为农作物的"国病"。

1956年，著名的抗条锈高产小麦品种碧蚂1号出现抗性"丧失"现象，此后，每隔几年就有大范围种植的小麦良种倒在条锈病的"魔爪"下，我国小麦主栽品种被迫更新换代。面对小麦生产这一新的重大问题，李振岐带领团队开始了又一轮的"剿匪"。

李振岐和团队成员们每年冬天钻进学校四号教学楼地下室，春天爬上人迹罕至的太白山，他们克服困难，研制锈病人工接种的"沉降塔"和"微型接种器"。即便这样，他们的实验研究也仅仅能维持5个多月。如何才能让科研实验长期开展下去？建人工气候箱，投资巨大，且养不起，每年光是电费开支就得数十万元。李振岐为此事犯了愁。

1978年夏季的一天，李振岐去看望住在学校五台山东南坡下窑洞里的几个职工，意外发现有一孔窑洞频频吹出阵阵凉风，仔细了解后得知这孔窑洞与通向校内的地道相连，狭长的窑洞里通风条件好，常年温度保持在13～19℃。"这不就是个天然的恒温箱吗？"李振岐惊喜不已。

在学校的支持下，李振岐和同事们将这孔窑洞改成了低温实验室：近200米长的窑洞里，左右两侧间隔着建设了24孔小窑洞，专门用来做锈病接种试验。他们又在窑洞外建了一座玻璃房作为常温实验室。于是，一座土窑洞就变成了重要的科研实验室，小麦条锈病研究的时间因此也延长到9个多月。

"智斗"条锈病
——孔窑洞走
出两名院士

借助这个特别实验室，李振岐和团队成员发现，小麦良种失去抵抗力的原因在于狡猾的小麦条锈菌产生出了毒性更强的新病菌，而陇南是小麦条锈菌度过炎热夏季最容易产生变异而加剧作恶的地区，也是我国小麦品种抗条锈性丧失的关键地带。

为此，李振岐将目光再次锁定小麦条锈菌"老巢"，带领团队完善了我国小麦条锈病综合防治技术体系，推动实施了陇南退种小麦改种高山蔬

图2-91 李振岐院士（左）与学生康振生在窑洞实验室工作（小麦条锈病研究团队 提供）

菜、苹果等多项举措，极大缩减了小麦条锈病的菌源量。1964年、1990年、2002年，我国先后还发生了三次小麦条锈病大流行，但小麦减产量大幅降低，分别为36亿公斤、25亿公斤、14亿公斤。以治理陇南易变区为主的防控策略，为国家挽回小麦损失折合人民币22.69亿元。

一串串数字的背后，是植保科技团队的艰辛付出，更是我国小麦条锈病研究的喜人硕果。经过半个世纪的努力，我国植保科技工作者掌握了小麦条锈病发生发展规律，中国小麦条锈病流行体系研究和作物抗病性研究迈上新台阶，受到国际同行的高度认可，也有力推动了相关的人才培养工作。

因为在小麦条锈病防治研究领域的突出成就，李振岐被誉为"中国小麦条锈病防治的开拓者"，1997年当选中国工程院院士，2002年获得何梁何利基金科学与技术进步奖，此后他还被国际植物保护大会授予"杰出贡献奖"，而窑洞实验室也因此闻名国内外。

（三）一叶小檗破解世界谜团

小麦条锈菌为什么会产生毒性更强的新病菌？这个问题一直悬而未解。

1982年，25岁的康振生考上了硕士研究生，第一次被导师李振岐带进了窑洞实验室，从此，这里成为他了解小麦锈病，与导师共同"剿匪"的根据地。

从1991年起，康振生和各地同行开展全国大协作，对中国小麦条锈菌源基地综合治理技术体系进行了连续18年的科技攻关，取得重大创新与突破，首次提出"重点治理越夏易变区、持续控制冬季繁殖区和全面预防春季流行区"的病害分区治理策略，全国条锈病发生面积降低了50%。

关于小麦条锈病，过去中外教科书上一直这样写：小麦条锈菌世世代代在所生活的小麦植株上完成越夏、侵染秋苗、越冬、春季流行，然后再往复。"是无性繁殖，就像孙悟空拔了一根毫毛，吹出来千万个和自己一样的猴子。"康振生教授团队成员赵杰教授介绍，虽然有基因突变等因素会导致病菌产生新小种，但理论上它所占的比例极小，而现实情况却是，"大量的新猴子们都比老猴王还凶狠"。

到底是什么原因导致了小麦条锈菌年年频繁变化，而且变化总在中国西北地区发生？康振生没有在荣誉面前止步，带领小麦条锈病研究团队以病原真菌与寄主小麦的互作关系为主攻方向，从组织学、细胞学、分子细胞学及分子生物学等方面破解小麦条锈菌变异的世界谜团。

2010年，美国科学家通过实验室接种发现小檗感染小麦条锈菌，虽然最后的结论是在美国小檗在小麦条锈菌的有性生殖与病害流行中不起作用，但这条消息还是引起了康振生的高度关注。小檗是一种枝干上带有小针刺的落叶灌木，在我国南北方均有分布。自然界中是否存在感染锈病的小檗？感病小檗上可否分离到小麦条锈菌？条锈菌有性生殖可否导致毒性变异？它与田间病害发生之间有无关系？带着诸多疑问，康振生率领团队在陕西、甘肃、青海、四川、云南等地进行了大量的田间跟踪调查研究，去往窑洞实验室的小道上留下了更多的背影。

最终，康振生团队获得了重大发现：有性生殖是我国小麦条锈菌致病性变异的主要途径。他们因此也抓到了小麦条锈菌疯狂作案的帮凶——野生小檗，小麦条锈菌正是在这种广泛分布于西北山区的灌木树叶上"生儿育女"，才使得新一代病菌成为更新换代后的小麦良种的"职业杀手"。

我国植保科技工作者因此认识到：切断小麦条锈菌有性生殖的发生是延

图2-92　2017年5月6日，康振生教授在陕西宝鸡介绍小檗与小麦条锈病变异之间的关系（靳军　摄）

缓小麦条锈菌毒性变异频率，延长小麦抗条锈病品种使用年限的关键环节。于是，铲除麦田边10米范围小檗、遮盖感病小檗周围的麦垛、对麦田周围小檗实时喷施化学杀真菌剂，"铲、遮、喷"三字法小檗-小麦条锈病防控关键技术开始在甘肃、陕西麦区推广，阻止越夏易变区菌源向东部麦区的传播，为全国小麦生产安全提供保障。

　2015年，新出版的全国统编教材《农业植物病理学》对小麦条锈病的生活史和病害循环进行了改写，增加了有性生殖和大循环的内容。"自然条件下小麦条锈菌有性生殖"的观点在国际顶级期刊《植物病理学年评》上发表后迅速成为全球锈病研究的新热点，也因此奠定了我国在锈病研究领域的国际领先地位。澳大利亚科学院院士Robert McIntosh教授说，这一发现在小麦条锈病研究历史上具有"里程碑"意义。

　2017年11月27日，康振生教授当选中国工程院院士，这是时隔20年后，从窑洞实验室走出来的第二位院士。

（四）薪火相传保障粮食安全

　一孔窑洞走出来两名院士，让我国小麦条锈病防控工作有了可信赖的"大国良医"，使小麦抗病育种工作不断迈上新台阶，也让爱国为民、持续奋斗成为一种优良传统。

　李振岐1922年出生于河北省遵化市团瓢庄乡下庄村一个普通农民家庭，1943年以山西大学学生的身份报名参加青年远征军，抗日战争胜利后，由山西大学转入国立西北农学院植物病虫害系学习。其间，他在刻苦学习的同时，还积极参加学校中共地下党组织领导的反饥饿反内战斗争和西农新中国成立前夕的护校斗争。1949年春天西农解放时，李振岐因此获得了一枚"解放大西北纪念章"。当年，他毕业留校任教，并加入了中国共产党。

从1950年踏上与条锈病的斗争之路，李振岐就没有停歇过。2007年临终之际，他的心里装的还是窑洞实验室和小麦条锈病研究，他给团队成员及家人说："明天送我回去，我要看看学校，看看我的实验室。"

康振生1957年生于四川省安岳县，1978年考入西农植保学院植物保护专业学习，1984年12月硕士毕业前加入中国共产党，李振岐院士是他的入党介绍人。毕业后，康振生和他的导师一样选择了留校工作，他说是李振岐老师将自己带进了小麦锈病研究的学术殿堂，并将团结协作、爱国奉献的精神传承给西农的小麦锈病研究团队。

为了查清小麦条锈病越夏区小檗的种类，年近60岁的康振生教授和团队成员一起踏遍西北和西南五省山山沟沟，鞋子上沾满泥土成了他的标配，"白加黑""五加二"成为他的常态，妻子黄丽丽说："他一听说小麦条锈病，就来劲了。"他每年坚持对陇南、川西北和豫南麦区的小麦条锈病发生情况进行考察，并向农业部有关部门提交小麦条锈病发生趋势及防治建议。

2019年，我国多地小麦偏早播种，加之秋季多雨，冬季气温偏高，给小麦条锈菌的越冬提供了有利条件。2020年1月中旬起，康振生院士不顾疫情风险，带领团队成员赴陕西宝鸡、四川绵阳、湖北襄阳和河南南阳等地开展小麦病虫害普查，提前一个月发出条锈病大流行的预警，提出"春病冬治，控前保后；控西保东，打点保面"的防治策略并深入一线现场指导，为陕西小麦条锈病防控攻坚战取得全面胜利和全国夏粮丰收作出了应有贡献。

王晓杰是康振生院士众多学生中的一个，2001年起进校跟着导师研究小麦条锈病的发生规律、致病机理与防治技术，为了便于工作曾搬到窑洞实验室住了3年多。他在西农先后完成了硕士、博士学业，加入了中国共产党，

图2-93 康振生院士（左）和学生王晓杰在窑洞实验室工作（靳军 摄）

最后也留校当了教师，目前是小麦病害研究的青年领军人才。

一旦留下，就是一生；一旦奋斗，就永不止步。西农所在的陕西关中地区是小麦条锈菌飞越西北高山，到东南黄淮麦区行凶的"驿站"，从李振岐到康振生再到现在的团队才俊，一代代党员科学家以窑洞实验室为根据地，坚守小麦条锈病防控关键阵地，前赴后继，同频共振。

时代楷模、中国工程院院士朱有勇说，人类对小麦条锈病的防治研究永远在路上。2020年5月，康振生院士担任了旱区作物逆境生物学国家重点实验室党支部书记，成为科教与党建的双带头人。站在窑洞实验室前，他深感责任重大，"揭示条锈菌毒性变异的遗传与分子机理工作刚刚拉开序幕，我们要勇做新时代科技创新的排头兵，持续开展小麦条锈病的绿色防控，既保障国家粮食安全和食品安全，又保障绿水青山。"

十三、为养殖业撑起保护伞

导语： 在动物疫病防控科技事业方面，党中央历来尤为重视并作出了高屋建瓴的部署。新中国成立之初，就紧密部署和建立兽医行政管理机构、研究院所、科技创新平台和基地，系统地开展动物疫病防控研究基础性工作，培养大批科技人才，形成"从无到有"的完整动物疫病防控管理、研究和应用体系。历史不会忘记，新中国成立初期，根除了两种动物疫病——牛瘟、牛肺疫，有效防控马传染性贫血（马传贫）。改革开放后，以禽流感为代表的相关研究达到世界领先水平。同时，我国在猪瘟、猪蓝耳病、口蹄疫、鸡马立克氏病和血吸虫病等方面也开展了大量研究工作。目前，我国动物疫病防控科技创新领域基本实现了从"跟跑"到"并跑"的转变，部分领域达到"领跑"水平，取得了举世瞩目的成就，为保障我国畜禽养殖业健康平稳发展和公共卫生安全提供了重要的核心科技支撑。

动物防疫

（一）彻底消灭牛瘟

牛瘟历史悠久，其流行危害遍及欧洲、亚洲、非洲，公元78年中国即有牛瘟流行记载。历史上有超过2亿头牛死于牛瘟，其危害程度可想而知。

新中国成立前后，农业生产乃至战争物资的运输，都是依赖畜力。可是当时的华夏大地，各种动物疫病泛滥。东北、华北、西北地区牛瘟肆虐，其中，东北农村大批耕牛接连死亡，西部蒙古牛和本地黄牛发病后死亡率达50%，东部朝鲜牛发病后死亡率几乎达100%，疫情严重，四处告急。据粗略估计，仅因为牛瘟，每年死亡的耕牛已达几十万头，极大地阻碍了新中国各项生产的恢复。

1947年，东北大部分地区已经解放，为了恢复和发展农业生产，支援全国解放战争，东北行政委员会于1947年冬，委派时任延安光华农场场长的陈凌风筹建家畜防疫所，接收了缺门少窗及水电装置破坏殆尽的原伪满哈尔滨家畜防疫所。经过大家齐心努力，艰苦奋斗，克服种种困难，终于在1948年6月1日正式成立了东北行政委员会农林处家畜防疫所（中国农业科学院哈尔滨兽医研究所前身）。

为了保护耕牛、保证生产、支援解放战争，东北行政委员会农林处家畜防疫所临危受命，接受了研制牛瘟疫苗的艰巨任务，发起了牛瘟攻坚战。研究初期是用兔子器官制作疫苗，但产量极低，对200多万头牛来说实在是杯水车薪。于是，在一间18米^{2}的小屋里，靠着几支注射器、手工乳钵器和简单的显微镜，以袁庆志为代表的科研人员决定向牛瘟宣战，开始探索提高疫苗产量的新途径。

他们把兔毒注射到小牛身上，牛出现反应后，再把牛的脾脏、淋巴研磨制成疫苗，采一头小牛血可以注射2.5万头牛。1949年，牛体反应苗制成了。1951年，又研制成功了山羊化兔化牛瘟疫苗。然而，新的问题又出现了。这种牛瘟疫苗毒力比较强，蒙古牛、普通黄牛注射后可以免疫，而朝鲜牛、牦牛却抵挡不住。为此，科研人员又投入到紧张的驯化试验。1952年，绵羊化兔化牛瘟疫苗问世，在延边、蛟河等地对朝鲜牛注射获得成功。到1953年，这场席卷东北、华北的牛瘟终于被消灭了。

东北、华北的牛瘟消灭了，可是青藏高原的牛瘟仍然肆虐。1952年召开的第二次牛瘟防制会议专题研究了如何消灭青藏高原牛瘟的问题，会上决定对牦牛、犏牛等全部采用安全有效的牛瘟绵羊化山羊化兔化弱毒疫苗。

1953年3月，科研人员受农业部派遣，带着新研制的疫苗，登上了青藏高原，向牦牛牛瘟宣战。到青海后，防制小组成员们首先为同仁县1万多头牦牛注射了疫苗，获得喜人的成功。第二年，他们又领着5支防疫队深入青海的其他地区，注射了几十万头牦牛，成效显著。第三年，在西藏、青海等牧区大面积推广了这种疫苗。第四年，蒙古牛、朝鲜牛、牦牛的牛瘟病被彻底制服了。

图2-94 早期深入疫区防疫（中国农业科学院哈尔滨兽医研究所 提供）

在青藏高原的3年中，科研人员饱尝了无数次"失败、成功、再失败、再成功"的苦辣酸甜，但是他们愈挫愈勇，信心愈发坚定。给牦牛接种疫苗之后，他们曾连续几夜不睡觉，就是为了观察牦牛的体温变化情况。工作量超负荷，加之风餐露宿和强烈的高原反应，常常会忽然晕倒。藏民冒险为他们背药，并总是端出最好的奶茶款待他们。"无论在哪里，只要是共产党的门巴（藏语医生）来了，便畅通无阻。"藏民的这番话语深深地触动了科研人员，当时还不是共产党员的哈兽研科研人员沈荣显（1995年当选中国工程院院士）在那四面透风的帐篷里，萌生出了加入中国共产党的信念，自己不但要做一名好"门巴"，还要做一名光荣的中国共产党党员。1956年，在松花江畔的友谊宫，沈荣显在党旗下举手宣誓："……为共产主义奋斗终生！"

牛瘟的消灭是我国动物防疫史上的一项重大成就。这种猖獗流行的传染病从消灭至今60多年仍未复发，在动物防疫史上是个奇迹。1997年，巴基斯坦暴发大规模牛瘟，死亡10多万头牛，与之相邻的我国西藏、新疆边境安然无恙。据农业农村部估算，我国因消灭牛瘟而减少的经济损失至少达数十亿元。迄今为止，牛瘟是我国消灭的第一种动物疫病，也是全球唯一被消灭的动物疫病。

（二）攻克养马业顽疾

马传染性贫血病是困扰世界养马业最严重的传染病之一，是由马传染性贫血病病毒引起的以马、驴、骡持续感染、反复发热和贫血为主要特征的一种烈性传染病。许多国家不惜投入大量的人力、物力、财力，试图研制出预防该病的有效疫苗，但却毫无成效。

1966年，周恩来总理在访问罗马尼亚期间接见了中国留学生，并鼓励他们早日学成回国，为祖国的社会主

图2-95 马传染性贫血病弱毒疫苗课题主持人沈荣显院士在实验室（中国农业科学院哈尔滨兽医研究所 提供）

义建设作贡献。周恩来总理的嘱托，给当时在罗马尼亚进修的科研人员沈荣显增添了继续攀登科学技术高峰的力量和勇气，令他终生难忘。在回忆起这段经历的时候，沈荣显曾说："这种勇气化作了强大的动力，时刻提醒我要不断进取。"

虽然我国的马传染性贫血病研究在1965年就开始了，但是研究方法基本上是在国外专家走过的路上徘徊。1972年，沈荣显担任了马传染性贫血病研究室的主任，开始主持这一尖端课题，正式向马传染性贫血病宣战。他和课题组成员决心走出一条中国式的马传染性贫血病研究之路。

他和同伴们经过反复试验，首先提出并倡导用驴白细胞培育驯化强毒的研究思路。研究过程几经波折，甚至出现重大挫折，但他们没有放弃，直至传到第125代，才解决了一系列关键性问题，成功地研制出驴白细胞弱毒株，率先在国际上成功研制出马传染性贫血病驴白细胞弱毒疫苗，并有效地应用于我国的马传染性贫血病防治工作上。这一独创性成果不仅为中国马传染性贫血病的防治作出了突出贡献，也在慢病毒疫苗的研究史上建立了一座丰碑。该项成果于1983年获国家发明一等奖，是迄今为止世界上预防马传染性贫血病最有效的疫苗，也是目前为止唯一大规模应用的慢病毒疫苗。

1983年，美国兽医师协会第120届年会在纽约召开，就马传染性贫血病预防和根

图2-96　马传染性贫血病弱毒疫苗
（中国农业科学院哈尔滨兽医研究所　提供）

除方面的问题，进行了一整天的讨论。与会代表一致认为会议上最有深远意义的进展是中华人民共和国提出的有效马传染性贫血病疫苗。在会议期间和会后，美国有10多家新闻媒体刊载消息和评论，盛赞马传染性贫血病疫苗的研制成功是一件很了不起的科学创举。至今几十年过去了，世界上其他国家仍未研究出马传染性贫血病疫苗，我国的马传染性贫血病疫苗仍处于国际领先水平，它是中国科学家在国际兽医科学领域为中国书写的浓重的一笔。

（三）可防可控血吸虫病

血吸虫病是一种古老的人兽共患寄生虫病，在我国流行已有2000多年历史。新中国成立前曾流行于我国江苏、浙江、安徽、江西、湖南、湖北、四川、云南、福建、广东、上海、广西12个省（自治区、直辖市）的448个县（市、区），严重危害人、畜健康和农村经济发展。"千村薜荔人遗矢，万户萧疏鬼唱歌"的人亡户绝、田园荒芜景象是血吸虫病流行区人民生活的真实写照。

新中国成立后，党中央国务院高度重视血吸虫病防治工作。1955年底，在杭州召开的中央政治局扩大会议上，毛泽东同志发出"一定要消灭血吸虫病"的伟大号召，疫区各级政府和广大人民群众掀起了"男女老幼齐上阵，千军万马送瘟神"的血吸虫病防治高潮。

谈虫色变——血吸虫科普视频

我国血吸虫病的重要传染源之一是患病家畜，特别是在有钉螺地带散养的家畜（马、牛、羊、猪、犬等），尤其是牛。实践证明，只抓人的血防工作而忽视家畜的，不可能有效控制血吸虫病的流行。对家畜进行血吸虫病防治不仅是保护家畜健康，更重要的是不让病畜排出的虫卵污染环境。据1958年统计，全国有病牛120万头，受血吸虫威胁的牛有500万头，家畜血吸虫病防治刻不容缓。

我国的农业血吸虫病防治工作，经过半个多世纪的探索与努力，先后分四个时期实施了四种防治对策。

20世纪50年代至80年代初期，实施以灭钉螺为主的综合防治对策。在普遍使用药物灭螺和环境改造灭螺的同时，积极查治病畜。1958年7月1日凌晨，毛泽东同志阅读6月30日的《人民日报》，得知江西余江县消灭了血吸虫病，夜不能寐，欣然写下《七律二首·送瘟神》，极大鼓舞了疫区人民的信心。1964年，农业部在前期多次组织耕牛血吸虫病调查与防治基础上，决定在中国农业科学院设立家畜血吸虫病防治研究室（中国农业科学院上海兽医研究所前身），具体承担家畜血吸虫病的研究及组织各省进行科研协作。在这一时期，湖南、湖北、江西、安徽、广东通过围垦和对低洼有螺地带的改造，消灭了大量钉螺、降低了有螺面积。

80年代后，随着治疗新药吡唑酮的问世和世界银行贷款项目的启动，同时出于生态环境保护与湖区调洪蓄洪的需要，实施以化疗为主、结合易感地带灭螺的防治策略。湖南、湖北、江西、安徽、江苏、四川、云南等流行区，实施了大面积的人畜同步化疗。

90年代初期，农业部在湖北潜江开展试点，提出"围绕农业抓血防，送走瘟神奔小康"的工作思路，实施以"四个突破"为主的农业综合治理策略。这种把灭螺防病与农业生产开发有机结合的防治策略，在1992年国务院召开的合肥会议上，得到了充分的肯定。

21世纪初，由于受自然、社会、经济等多种因素影响，局部地区疫情有所回升。2005年，国务院提出实施以控制传染源为主的综合防治策略。根据这一策略，农业部提出了实施重疫区村综合治理、以机耕代牛耕、沼气池建设和畜源性传染源控制的"四大工程"，实现了农业血防工作"五大转变"。在血吸虫病重疫区村，通过项目带动，做到山、水、田、林、路综合规划，环境改造和村容村貌建设相互衔接，生产开发和灭螺防病有机结合，促进疫区社会经济又好又快发展，加速社会主义新农村的建设步伐。

经过近70年的防治，中国血吸虫病患者数量显著下降，血防工作取得了举世瞩目的成就，截至2017年底，全国12个血吸虫病流行省（自治区、直辖市）中，浙江、上海、广东、广西、福建达到传播消除标准，四川省达到传播阻断标准，湖北、湖南、江西、安徽、江苏、云南达到传播控制标准。

（四）动物疫病防控的国之重器

在谈到流行性传染病尤其是烈性传染病之前，有必要了解我国动物疫病防控的国之重器——高级别生物安全实验室。

生物安全实验室是通过防护屏障和管理措施，能够避免或控制被操作的有害生物因子危害，达到生物安全要求的生物实验室和动物实验室。依据实验室所处理对象的生物危险程度，把生物安全实验室分为四级，其中一级对生物安全隔离的要求最低，四级最高。

我国20世纪80年代末开始生物安全实验室的建设，在2001年美国炭疽事件和2003年我国发生SARS疫情后加快了建设，至今通过国家认可的生物安全三级及以上实验室达58家，其中农业系统8家。

2001年，我国农业系统第一个生物安全三级实验室——中国农业科学院哈尔滨兽医研究所动物生物安全三级实验室，自建成以来全面发挥了生物安全平台作用，在2003年阻击SARS疫情、2004年开始发生的H5N1禽流感疫情和2013年发生的H7N9禽流感疫情防控工作中发挥了关键作用。

同时，为了给烈性传染病的研究提供生物安全保障，自2004年开始。我国规划了最高级别生物安全实验室——生物安全四级实验室的建设。其中依托中国农业科学院哈尔滨兽医研究所建设的"国家动物疫病防控高级别生物安全实验室"是农业领域唯一的一个生物安全四级实验室。该实验室已成为我国及全球重要动物传染病与人畜共患病综合性研究平台。

2018年我国暴发非洲猪瘟疫情后，该实验室被农业农村部指定为国家非洲猪瘟专业实验室，在非洲猪瘟病毒诊断技术、病原分离鉴定及遗传进化、动物感染模型建立的研究中已发挥关键作用。

（五）攻防对决禽流感病毒

禽流感是一种毁灭性疾病，属 A 类传染病。 A 类传染病是由哺乳动物和鸟类都会感染的病毒导致，能够实现持续变异，容易导致大范围疫病流行。联合国粮农组织和世界卫生组织频频发出警告：一旦病毒发生变异，在人间传播，将会危及全球千百万人的生命。

2004年，东南亚暴发了禽流感，越南、泰国、印度尼西亚等国都有人员感染和死亡。从世界各国看，通常的做法是一旦发现有禽流感疫情发生，就将疫区一定范围内的家禽全部扑杀。疫情蔓延到我国，全国共有16个省份出现疫情，900万只鸡被扑杀，直接经济损失达100亿元。

以陈化兰（2017年当选中国科学院院士）为代表的动物疫病防控科学家提出，研发出新型高效疫苗来阻击禽流感，逐渐减少以至不用对家禽实施不得已的扑杀，是符合我国国情的有效方法。

随即，在农业部的部署下，中国农业科学院哈尔滨兽医研究所的国家禽流感参考实验室科研人员投入了这场对禽流感的阻击战，全面开展了我国禽流感的预警、诊断、防治的研究；很快建立完善了血清学、免疫学、病毒学及分子生物学诊断技术方法，研制、改进了一系列禽流感诊断试剂；针对H5亚型高致病性禽流感病毒流行风险，开展全方位的禽流感疫苗研究。

不久，我国第一个禽流感疫苗H5N2禽流感灭活疫苗在哈尔滨兽医研究所研制成功。研究所向全国9个兽药制品企业转让了H5N2灭活疫苗生产种毒和全套技术，紧急生产了12亿羽份疫苗供疫区强制免疫使用，为控制疫情发挥了关键性的作用。

2005年，随着候鸟的迁飞，在欧洲，罗马尼亚、土耳其、希腊、俄罗斯等国家出现了H5N1禽流感疫情，英国、克罗地亚、瑞典等国也首次拉响禽流感警报。2005年8月，亚洲和我国部分地区也再次发生疫情。正在这时，从哈尔滨兽医研究所又传来了令人振奋的消息：一种新疫苗——H5亚型禽流感重组新城疫病毒活载体双价疫苗完成了实验室阶段的研究。

2005年10月2日，国务院副总理回良玉对新型疫苗的研制成功作出批示；第二天，温家宝总理也作出批示，向科研人员表示祝贺和慰问，并指示加快疫苗的科研成果转化。新疫苗很快投入生产和应用，受到广大养殖户的欢迎。随后，疫苗还被出口到东南亚及非洲国家，并提供人员培训和技术援助。截至2016年年底，生产疫苗累计超过2000亿多份，保护家禽累计超过1000亿只，为有效防控高致病性禽流感发挥了重要作用，创造了巨大社会、经济效益。

2013年3月，当新出现的H7N9禽流感病毒感染国人、引起公众极度恐慌之时，团队又一次临危受命，迅速就病毒从哪里来、病毒存在于哪些动物宿主、人为何被感染致病和致死、是否会引起人流感大流行等一系列科学问题开展调查。

整个实验室争分夺秒与病毒赛跑。在H7N9感染人病例公布后不到48小时，陈化兰团队就从上海活禽市场采集的样品中分离到类似病毒，连夜将序列分析数据提交到农业部，并建议立刻关闭感染地区的家禽市场。政府果断采纳建议，有关部门迅速关闭了有人感染H7N9禽流感城市的活禽交易市场，并取得了立竿见影的效果，新增感染病例迅速减少。

2013年新出现的H7N9禽流感病毒对家禽无致病力，但在人体内复制后获得新的突变，可引起人严重发病。2016年冬季和2017年春季，发生了H7N9第五波疫情，全国共有758人感染。通过实验分析发现，病毒在进化过程中发生新的突变，对鸡呈高致病力，对人的风险也进一步增高，形势危急。

根据多年研究经验，这一次陈化兰建议政府采取全面免疫措施防控H7N9禽流感。2017年9月开始在全国范围内实施了家禽H7N9疫苗免疫接种，极大地降低了家禽中H7N9病毒的复制和传播，更在阻断病毒由禽向人传播方面产生了立竿见影的效果，与上年同期758人感染H7N9病毒相比，2017年10月以来的冬春季，只有3个人感染H7N9病例。

这奇迹般的防控效果，与科研团队在病毒研究及疫苗研发方面的杰出贡献密不可分。外国科学家来电问询，中国做了什么？为什么人的H7N9病例没有了？陈化兰淡定地回复："我们对家禽进行了疫苗免疫。"

（六）有效遏制口蹄疫

口蹄疫，是严重危害世界畜牧业的重大传染病，全世界四分之三的国家和地区曾发生过该病。世界动物卫生组织将其列为A类动物传染病之首，我国也将此病列为一类动物疫病首位。

口蹄疫是由口蹄疫病毒引起的一种急性、热性、高度接触传染性和可快速远距离传播的动物疫病，主要危害猪、牛、羊等重要家畜。在现代化养殖业条件下，畜群饲养高度密集，调动移动频繁，更易受到传染性疫病的侵袭。大批家畜因感染发病而被销毁，严重制约畜禽产业经济的发展，对人民生活和出口贸易形成不利影响。口蹄疫也是人畜共患病，具有突破宿主屏障并危害人类的潜力，人类虽然不易感，但仍有散发病例。

1958年3月，农业部委派尹德华在中国农业科学院兰州兽医研究所筹备成立了口蹄疫研究小组，同年5月正式组建口蹄疫研究室。

口蹄疫研究伊始，基础设施差，设备落后，技术薄弱。但重重困难丝毫没有削弱口蹄疫工作者消灭口蹄疫的雄心壮志。按照当时的国情，我国采取了邀请国外专家来华指导、国内大协作和派工作人员赴国外学习等方式，来快速提升科研水平、壮大科研队伍，使得我国的口蹄疫防控、研究工作迅速打开了局面，并提出了8项研究课题，口蹄疫研究的星星之火从此点燃。

1956年，用结晶紫甘油灭活和福尔马林灭活的口蹄疫疫苗获得成功。1960年结晶紫甘油疫苗在青海、云南、新疆、河南、甘肃、四川康藏地区推广应用。这是我国推广应用的第一个口蹄疫灭活疫苗，对口蹄疫防控起到较好作用。

接下来的70年代至90年代，我国科技工作者相继解决了疫苗安全问题，并陆续研发出猪口蹄疫O型灭活疫苗、牛口蹄疫O型灭活疫苗。

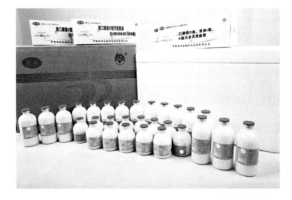

图2-97 口蹄疫疫苗产品
（中国农业科学院兰州兽医研究所 提供）

2000年以后，亚洲I型、O型和A型3种血清型的5种新流行毒株先后传入我国。我国的科技工作者经过大量的研究，创建了国际先进水平的诊断技术，自主研制了安全高效的口蹄疫系列疫苗，集成创新了口蹄疫综合防治技术体系。

随着疫苗的应用，A型和O型口蹄疫疫情逐年减少，Asia I型口蹄疫自2009年6月以来全国没有发生疫情，2018年开始退出免疫，开始认定Asia I型口蹄疫无疫。

1998年以来，我国在部分省份开展无规定动物疫病区及示范区建设，2009年我国首个免疫无口蹄疫区在海南省挂牌。2012年以来，吉林省、辽宁省和山东半岛等免疫无口蹄疫区相继通过验收。口蹄疫综合防控技术体系的广泛应用，有效遏制了我国口蹄疫流行。

图2-98 科研人员在动物生物安全三级实验室做实验
（中国农业科学院兰州兽医研究所 提供）

2020年9月11日，习近平总书记在主持召开科学家座谈会时，对广大科学家和科技工作者提出面向人民生命健康的深切希望，这也是对动物防疫工作者极大的鼓舞与鞭策。四个月后，2021年1月22日，十三届全国人大常委会第二十五次会议表决通过了新修订的《中华人民共和国动物防疫法》。该法的修订与实施将进一步规范动物防疫工作，为保障畜牧业健康发展、维护人民生命健康提供坚强法制支撑。

十四、器利农桑

导语： 农业机械化的不断进步使农业综合生产能力迅速提升，自动导航植保无人机、无人农场、无人拖拉机等越来越多的硬核科技走进农田，让耕地用牛、收割用刀、喷药下田、栽秧弯腰成为历史，"体力活"成为"技术活"，从根本上改变了亿万农民"脸朝黄土背朝天"的传统农业生产方式，实现了从人畜力为主向机械作业为主的历史性跨越，为服务乡村全面振兴、实现农业农村现代化，建设社会主义现代化强国提供了强有力的科技支撑。

实现农业农村现代化，关键在于农业机械化。新中国成立后，党和国家始终高度重视农业机械化发展。1950年，西北农具研究所和华东农业科学研究所农具系成立，开启了新中国农业机械科研事业。1955年7月31日，毛主席在《关于农业合作化问题》中提出："估计在全国范围内基本上完成农业方面的技术改革，大概需要四个至五个五年计划，即二十年至二十五年的时间。全党必须为了这个伟大任务的实现而奋斗。"此后，毛主席在《关于农业机械化问题的一封信》中，再次强调了农业机械化的重要性。1959年毛主席在《党内通讯》中提出"农业的根本出路在于机械化"的论断，掀开了新中国农业机械化事业快速发展的序幕。

1978年，中国吹响改革开放的号角，也迎来科学的春天，农业机械化科技也迎来曙光。1980年5月邓小平同志在"关于农村政策问题谈话"中指出，发展生产力，第一个条件就是机械化水平提高。在党的领导下，农业机械化改革不断深化，下放企业的科研骨干返回岗位，重新捧起《农业机械设计手册》，搭建试验台架，试制部件样机。也是在那一年，我国在北京举办了12国农机展，农机行业打开了一扇向外看世界的窗口，大批农机人走出国门，考察学习欧美和日韩不同模式的机械化农业，了解国际经验，思考中国道路。

由于城镇化和工业化刚刚起步，农业机械化在20世纪90年代发展缓慢，农机工业企业纷纷转型改行，农机化科技成果的产业需求弱化。同时国家科学技术体制改革不断深化，政府对农机化科技投入力不从心，不少农机化科研机构转制为企业，科研骨干流失情况严重。虽然面临艰苦的科研条件和低水平的生活待遇，一批科研骨干依然选择了坚守科研，矢志创新。"农业的根本出路在于机械化"，许多选择坚守的"50后""60后"农机人，终于在21世纪初，重新意识到该论断的英明与分量。2004年国家颁布《农业机械化促进法》，实施农机购置补贴政策，中国农机化事业"忽如一夜春风来，千树万树梨花开"。我国农业机械化提速换档，创造出令世界惊叹的中国农机化速度，时至今日，我国已经跃升为世界第一农机生产大国、使用大国和科研大国，频繁在农机国际舞台上亮相。

（一）耕地靠农机

20世纪50年代初期，我国开始搞绳索牵引机，起因是当时的中国农业科学院农业机械化研究所（今农业农村部南京农业机械化研究所）的科研人员在工具改革运动中根据江苏省风力牵引机的原理试制成功了电力绳索牵引机（简称电犁）。搞工具改革，必须解决动力问题，动力主要来自于拖拉机，但我国实际状况生产不出拖拉机，而电动机是现成的，因此农机化所的工程师做了一个机器架子，在上面安装上一个电动机，电动机控制一个绞盘，上面有一根钢丝绳连接着一挂犁，绞盘一动，钢丝绳就开始拉犁，这样绳索牵引可以代替拖拉机，不用人扶也可行走，这也是我国农业半机械化实践的一个典型。

图2-99　南-4103型沤田绳索牵引机（农业农村部南京农业机械化研究所　提供）

　　从农业半机械化到实现农业机械化，动力缺乏是必须解决的现实困境。早在制定国民经济发展的第一个五年计划时，我国就开始规划并决定借助苏联援助设计和建设我国第一个拖拉机制造厂。1958年初，毛主席再次作出指示：拖拉机式样和性能一定要适应我国的气候和地形，一定要综合利用，其成本一定要尽可能地降低。

　　1958年是不平凡的一年。按计划，第一拖拉机制造厂要在1958年底生产出第一台拖拉机。为赶工期，长达半年多时间里，所有工人每天吃住全在厂房里，从早上8点开始工作，一直到次日凌晨1点。在这种冲天的干劲下，一个个"第一"开始呈现出来。6月20日，铸铁车间冲天炉炼出第一炉铁水；7月8日，生产出第一台燃油泵；7月13日，生产出第一台柴油发动机。在那个"没有专门设备，但有万能工人"的艰苦岁月，中国工匠们终于迎来了中国自己制造的第一台拖拉机。

图2-100 装配第一台东方红拖拉机
（中国一拖集团有限公司 提供）

1958年7月20日，一辆头戴红花、身披彩绸的拖拉机，轰隆隆驶出工厂。工人们跟在后面敲锣打鼓，路旁挤满了欢呼的群众，热闹得就像娶新娘子。这是中国人制造的第一台拖拉机——东方红54履带拖拉机。新中国的建设英才们，从祖国的四面八方云集到洛阳，在当时那样艰苦的建设环境和生活条件下，他们以百倍的努力和千倍的勇气，硬是把新中国的第一台拖拉机提前生产了出来，创造出了农机建设史上的佳话，彻底打破了中国无法生产拖拉机的现实困境。这是中国农机工业的开端，也是"中国制造"史上浓墨重彩的一笔。

1959年11月1日，新中国第一个拖拉机制造厂正式建成。时任国务院

图2-101 1958年7月20日，第一台东方红拖拉机开出厂门（中国一拖集团有限公司 提供）

图2-102 第一台东方红拖拉机开到农村（中国一拖集团有限公司 提供）

副总理的谭震林在典礼上宣布："中国农民早已盼望'耕田不用牛、点灯不用油'的伟大时代，开始到来了！"在那段激情岁月里，东方红拖拉机完成全国60%以上机耕地的作业，成为农民心目中中国农业机械化的象征。

图2-103 中国第一位女拖拉机手梁军
（中国一拖集团有限公司 *提供*）

图2-104 以梁军驾驶拖拉机为原型的人民币

（二）插秧实现机械化

水稻是我国三大主粮之首，是国家粮食安全的基石，水稻机械化种植技术是水稻生产全程机械化的重点和难题。早在1952年，华东农业科学研究所农具系就成立了由蒋耀先生等组成的水稻插秧机研究组，开启了我国水稻插秧机研究的序幕。1953年，水稻插秧机研究被正式列为国家科研项目。当时，在水稻插秧机的设计和作业标准制定方面，无论是在国内还是国外都是空白。万事开头难，原创性研究工作是难度最大、也是最辛苦的。1956

年，水稻插秧机研究组成功研制出人拉单行铁木结构插秧机和畜力4行梳齿分秧滚动式插秧机，命名为"华东号"插秧机，这是世界上第一台成型的水稻插秧机。水稻插秧机将农民从繁重的插秧劳动中解放了出来，插秧不弯腰的梦想变成了现实。在此基础上，水稻插秧机研究组不断完善创新，东风-2S型机动水稻插秧机在20世纪70年代大面积推广，获1978年全国科学技术大会奖和1981年国家技术发明奖，并作为国礼赠送给20多个国家或地区。

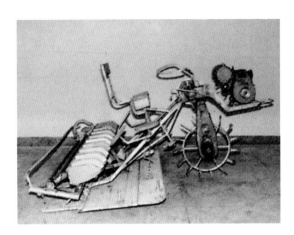

图2-105 东风-2S型水稻插秧机
（农业农村部南京农业机械化研究所 提供）

图2-106 1958年水稻插秧机田间试验
（农业农村部南京农业机械化研究所 提供）

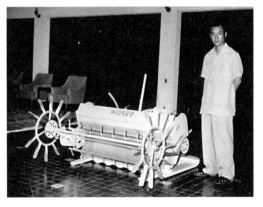

图2-107 1960年技术人员随周恩来总理赴尼泊尔演示水稻插秧机（农业农村部南京农业机械化研究所 提供）

20世纪80年代以来，水稻种植机械化技术快速发展。随着农村劳动力的大量转移，水稻生产逐步向全程机械化方向发展。中国工程院院士、华南农业大学教授罗锡文带领团队首创"三同步"水稻机械化精量穴直播技术，省去了传统的育秧、插秧环节，使水稻种植在一些适宜地区变得更加简单，为水稻机械化生产提供了一种先进的轻简化栽培技术，开启了水稻机械化精量直播时代。"欧美国家的水稻种植基本都是采用机械直播，我国直播水稻大多是人工撒播，撒播稻疏密不匀，田间生长无序，群体质量不高，抗逆性差，只有大力推进全程机械化与精准种植技术才能降低成本，提高农业综合生产能力，保障国家粮食安全。"罗锡文院士如是说。与人工撒播相比，采用该技术每亩可增产10%以上，增收100元以上；与人工和机械插秧相比，每亩节约成本100元以上，经济社会效益显著。

图2-108 2BD-10水稻精量水穴播机

图2-109 2BDH-20水稻旱穴直播机

图2-110 2BD-20水稻精量水穴播机

图2-111 2BDH-20水稻旱条直播机

图2-112 直播水稻出苗照片

图2-113 直播水稻后期长势

（罗锡文 提供）

种地不弯腰的小目标实现了，还必须解决技术"好"的难题。从2010年起，农业农村部南京农业机械化研究所和扬州大学联合科研团队开展技术攻关，研发油菜毯状苗高效机械化育苗移栽技术。据农业农村部油菜全程机

图2-114 2ZGZK-6型全自动移栽联合作业机田间作业
（农业农村部南京农业机械化研究所 提供）

图2-115 全自动移栽联合作业机田间作业
（农业农村部南京农业机械化研究所 提供）

械化推进专家组组长吴崇友介绍，这项技术采取"切块取苗＋对缝插栽＋推土镇压"的机械移栽方式，提前在秧盘中育好的油菜苗呈"草毯状"，放在特制的移栽机上，可以像水稻插秧一样栽种。机械高效移栽技术的出现，使得油菜种植像水稻插秧一样方便快捷，耕整地、移栽一次完成，作业效率是人工的80多倍，同时通过提前30天育苗弥补生育期和高密度移栽，比同期迟播油菜提高产量30%以上，实现稻、油两种作物合理轮作、产量效益共同提升。该技术多项性能指标达到国际领先水平，被列为农业农村部十大引领性技术，已在全国冬油菜区多省市示范推广，对促进油菜产业发展，保障我国食用油供给具有重要意义。

油菜移栽
机械化装备

（三）自主研发收割机

北方麦区有这样一句流行语：女人怕生孩子，男人怕割麦子。随着联合收割机隆隆驰来，这句流行语从此将要改写。

1964年，新中国第一台大型自走式谷物联合收割机就研造成功了。当时四平联合收割机厂非常困难，设备也不齐全，仅仅靠着一些纸质图纸和简单的生产设备，要试制出一台大型联合收割机几乎是不可想象的。然而，为厂子争光、为祖国争气的信念始终鼓舞着每一名职工。经过7个月的日夜奋战，终于在1964年4月底成功地制造出我国第一台大型自走式谷物联合收割机。当时只做了2台样机，样机空试成功。在麦收时节，样机在北京芦合农村和黑龙江友谊农场进行了实地收割，成为滚滚麦浪中一道美丽的风景。对此成果，新华社、《人民日报》、中央广播电台、《吉林日报》、吉林广播电台等新闻单位都纷纷做了宣传报道，在国内外产生了轰动效应。

1978年，从安徽小岗村开始，我国实行家庭联产承包责任制，土地分成小块，以家庭为单位经营。那时，小麦和水稻的收割主要靠人力，用镰刀割麦、人工捆麦，还要在麦场牵着石磙打麦，再经过迎风扬麦才能得到干净的麦粒。受农村土地家庭联产承包责任制的全面推行，小型联合收割机在20世纪90年代中期异军突起。当时由农业部南京农业机械化研究所与临海联合收割机厂共同研发的海马3型配套式联合收割机，以及中国农业机械化科学研究院与新疆联合收割机厂共同研发的新疆2等适合我国国情的小型联合收割机，不仅适合我国的小地块，脱粒性能优于国外产品，价格适中，还非常适合当时农村家庭联产承包责任制的经营规模。在跨区作业的拉动下这一机型很快风靡全国，由此出现了一轮收获机械产销增长的高潮。

花生、马铃薯、甘薯、洋葱、大蒜这些外表娇嫩、形状各异的土下果实，是我国重要的经济作物，然而，要想高效完整地采收这些果实，却不是轻而易举的事情。以花生为例，我国既是花生种植大国，更是花生消费大国，但花生收获装备技术研发起步晚，储备少。"种植花生最大的问题就是费工，特别是收的时候，得从地里拔出来，再拾落果，拉回家去还得把花生果摔打下来，然后才是晾晒。"说起种植花生的苦与累，老百姓们也是一筹莫展。

农业农村部南京农业机械化研究所胡志超研究员带领的土下果实收获机械创新团队，是首批进入中国农业科学院科技创新工程的团队之一。胡志超说："美国代表了花生生产机械化最高水平，但它多采用两段式收获方式，大多为大型收获设备，不适应我国的花生种植农艺和生产规模；而其他花生生产大国印度、尼日利亚、印度尼西亚等花生机械化生产水平更低，还落后于中国。"因此，解决我国花生机械化收获问题只能走自主创新这条路。花生收获无机可用和无现成技术可借鉴，一度让胡志超感到非常焦急。农机形势整体不景气、经费少，没有难住胡志超，他迎难而上，在团队的不懈努力下，4HLB-2型半喂入式花生联合收获机、4H-1500型和4H-800型花生分段收获机、4HZB-2型半喂入花生摘果机相继研发成功，并逐渐成为花生收获机市场主体和主导产品，市场占有率逾30%，并实现出口，使同期我国花生机收水平从2009年的18.02%提升至2013年的29.67%。

2013年，拥有完全自主知识产权和核心技术的世界首台半喂入式四行花生联合收获机正式诞生。经多轮优化设计，技术性能已趋于成熟，不仅为满足我国花生机

图2-116　4HLB-2半喂入式两行花生联合收获机
（农业农村部南京农业机械化研究所　提供）

4H-800 花生分段收获机

4H-1500 花生分段收获机

4HZB-2 半喂入式花生摘果机

4HLB-2 花生联合收获机

图 2-117　创制的四种花生收获设备（农业农村部南京农业机械化研究所　提供）

械化高效收获需求提供了有力技术支撑，也为团队在花生机械化联合收获技术研发领域占领制高点奠定了基础。该成果解决了国内花生机械化收获技术瓶颈问题，引领我国花生收获技术革新和跨越发展，整体技术达到国际领先水平。

2014年，国内首台八行花生捡拾联合收获机的问世，更是将我国花生收获设备的水平提升到了一个新的高度，对打破美国花生捡拾联合收获技术垄断，促进我国花生产业健康发展，发挥了极其重要的作用。

图 2-118　全球首台半喂入式四行花生联合收获机
（农业农村部南京农业机械化研究所　提供）

图2-119 国内首台八行花生捡拾联合收获机（农业农村部南京农业机械化研究所 提供）

（四）植保使用无人机

为了与病虫害作斗争，我国农民自古便十分重视植保工作。病虫草害的有效防控是保证粮食安全生产的一个不可缺省的重要环节。我国植保机械和施药技术的开发最早可追溯到20世纪30年代。1934年，国内第一台压力喷雾器试制成功并大批量生产。

花生生产
机械化装备

新中国成立后，我国的植保机械逐渐从以手动器具为主，向机动机械过渡。由于早期我国的农业机械采用的是一种高投入的粗放型生产方式，依赖传统的设计方法，以高能源、资源消耗来得到较低的生产效益，同时对环境也造成了一定的破坏。20世纪90年代中期开始，伴随着城市化进程，大量劳动力开始向城市转移，导致农村劳动力出现了季节性短缺现象。随着人力成本攀升、农作物病虫害多发、作业精细化要求提高、施药安全意识加强，环保节能、智能高效成了新发展阶段植保机械领域的关键词，机械化精准施药技术成为最大限度控制农药流失对生态环境直接污染的技术保障。

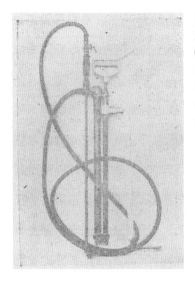

图 2-120
双管喷雾器
（1934年）
（农业农村
部南京农业
机械化研究
所 提供）

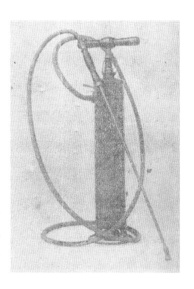

图 2-121
单管喷雾剂
（1934年）
（农业农村
部南京农业
机械化研究
所 提供）

　　"十一五"期间，我国开始立项布局植保无人机的研发。农业农村部南京农业机械化研究所梁建、薛新宇研究员带领的植保机械科研团队开展了多项研究，经过无数个日夜的反复试验与测试，终于在2009年，创制出我国首台植保无人机。薛新宇说："人力背负的手动喷雾机，作业效率一天一亩，

图 2-122 无人机
低空施药演示（农
业农村部南京农业
机械化研究所 提
供）

背负式机动喷雾机，每天作业可以到5～6亩。植保无人飞机平均每天可以作业两三百亩，同时可以节水90%，减少农药用量20%。在化学农药减施增效方面，是有显著贡献的。"

2012年开始，薛新宇团队开始专注于对设备进行实地推广，面对不同的农作物、气候和地形，植保无人机在各种工况条件下进行了作业性能考核测试，积累了大量的一手田间试验数据。经过几年的科研攻关与试验验证，植保无人机在示范推广过程中完成了优化改进，团队不仅突破了各项核心技术，优化了无人机平台的关键零部件，还通过与企业合作协同创制了适合我国不同农业生产区经营模式和地貌特点的系列化农用无人机产品。同时，团队在江苏、河南、新疆、江西等全国20余省份开展了植保作业生产考核，测试研究成果。

伴随着智慧农业、绿色农业的发展，精准施药技术可根据地理信息系统(GIS)的信息数据，对作业效益进行优化。智能喷雾机在全球定位系统 GPS 的支持下能够动态改变作业参数，用大数据为农作物绘制"路线图"，对应调整作业高度、速度，自动调节雾滴直径和施药量。

图2-123 无人机果树喷洒
（农业农村部南京农业机械化研究所　提供）

图2-124　单旋翼无人机田间作业
（农业农村部南京农业机械化研究所　提供）

图2-125　多旋翼飞机喷洒棉花
（农业农村部南京农业机械化研究所　提供）

操作者可以根据实际情况设定好飞行线路，坐在一旁监测即可，减少了遥控操作环节。

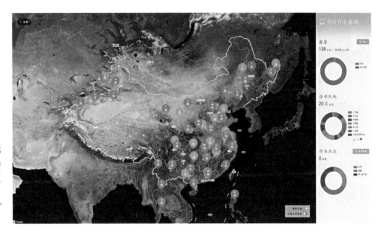

图2-126　植保无人机安全作业云管理平台（农业农村部南京农业机械化研究所　提供）

2014—2018年，团队的足迹几乎遍布全国各个省份，最终《植保无人飞机质量评价技术规范》（NY/T 3213—2018）正式发布实施，首次建立了我国植保无人机的行业标准。标准的全面实施，大幅提升了植保无人机的安全性，有助于淘汰部分不合格产品，推进了民用无人机合法化进程；同时，提升植保作业效率、降低农业生产成本，促进了农业发展方式转变。

一人多高的农用机、十几米长臂展的喷灌机、联通卫星的农业数据监测系统……如今在农田里，农民劳作的背影越来越少，科技的身影却越来越多，行走在广袤的中原农田，能深刻地感受到农业科技正在改变着农业生产的方式。

植保机械

图2-127 万架飞机出安阳，万名飞手做飞防（农业农村部南京农业机械化研究所 提供）

党的十八大以来，农业科技创新步伐明显加快，乡村振兴插上了科技的翅膀。科技正在改变农业赖以生存的土地，也改变着农业生产方式，据中国人工智能学会预计，到2030年，无人拖拉机将在中国农村普及。对比拖拉机都是"稀罕物"的年代，我国农业机械化发展只能用"巨变"来形容。我国农业步入全面全程机械化时代，在实现了动力、多功能、智能化等大量关键、瓶颈技术的突破，持续打破国内高端农业装备领域核心技术长期被国外垄断的局面后，不畏艰难的农机人把农民能够更体面的劳动，更加有尊严的生活作为了新的目标，在国内大循环为主体、国内国际双循环相互促进的新发展格局下，实现农业"机器替代人力""电脑替代人脑""自主可控替代技术进口"的三大转变，是中国农业历史发展阶段的客观要求。

十五、智慧农业化解"谁来种地"的难题

　　导语： 智慧农业就是要让人类能以更加精细和动态的方式管理农业生产和生活，提升人对农业物理世界实时控制和精确管理能力，从而实现农业的资源优化配置和科学智能决策。我国农业在经历了人力和畜力为主的传统农业（农业1.0），以广泛应用杂交种和化肥、农药的生物–化学农业（农业2.0），以农业机械为生产工具的机械化农业（农业3.0）之后，正向以信息为生产要素，互联网、物联网、大数据、云计算、区块链、人工智能和智能装备应用为特征的智慧农业（农业4.0）迈进。"十三五"期间，农业农村部在全国9个省市开展农业物联网工程区域试点，形成了426项节本增效农业物联网产品技术和应用模式；自主研制出了一批设施农业作物环境信息传感器、多回路智能控制器、节水灌溉控制器、水肥一体化等技术产品。

　　当科学家将农业有关数据转换成计算机能够识别的信息，并教会人工智能如何处理数据信息，如何向智能设备发出指令，不断完善那些可代替农民

图2-128 智慧农业图景（中国农业科学院　提供）

在田间劳作的智能设施，无人农场、智慧果园和物联牧场就诞生了。

（一）"数字土壤"全知道

以后的农民不再是体力劳动者，而是新农民。一个人管理整个农场的目标将会成为现实。那么一个人的农场或者说无人农场究竟如何实现呢？

首先，需要做数字农业系统，完成农业本底资源的数字化才能为智慧农业提供基础支撑。"数字土壤"就是农业本底资源中最重要的一个部分。中国农业科学院农业资源与区划研究所牵头联合12家专业科研院所共同完成的中国高精度数字土壤隆重登场。数字土壤就是数字化的土壤，它利用地理信息系统、全球定位系统、遥感技术等现代信息技术方法，模拟和重现土壤类型、土壤养分等土壤性状的空间分布特征。高精度数字土壤能直观、精细展现土壤资源与质量状况，为农业、环境和科学研究提供重要信息。

从20世纪80年代开始，我国完成了一系列土壤调查和大比例尺土壤调查图件及资料。但限于当时技术手段，各地完成的纸质手绘图件份数稀少，一个县也只有2～3份，经过40年的存放，纸质图件和资料状况不佳。对它们的抢救性收集刻不容缓。然而，受到方法制约，要想把不同地区、时期的调查资料"变成"数字化的土壤资料，还面临一系列科学问题和技术困难，世界各国的相关进展都很缓慢。我国高精度数字土壤首创的土壤大数据方法的核心是将数据科学、自动控制与人工智能设计原理引入土壤学研究领域，土壤科学家以科学层面的设计来带动数据分析规则的设计，让机器学会数据分析规则后，代替人工去完成大数据的处理工作，人工智能技术大大加快了将纸质图像资料转化为数字资料的速度。在此技术帮助下建成的中国高精度数字土壤与五万分之一土壤图籍，是我国迄今最完整和精细的土壤资源与质量科学记载。其数据量达到TB级别，覆盖我国全域；精度达到100米，而网格尺寸100米的土壤质量数据可直接供农民进行农田管理；涵盖九大图层多项土壤理化性状，能全面反映土壤质量；数据时间跨度达到40年，可反映土壤质量变化。

研究团队利用数字土壤研究发现，与20世纪80年代相比，我国30厘米以内农田土壤有机质含量增加了9.18%。这得益于我国农作物产量大幅增加，土壤中的根系残留物随之增加，土壤生产力上升。未来20～30年，随着秸秆还田、退耕还林等措施的持续推进，土壤有机物含量还会继续增加。此外，高精度数字土壤还能提供多项土壤资源与质量理化性状，可用于耕地保护与农田管理、农田培肥与修复、农业保险、流转土地的价值评估、适种作物评价、食品安全管理、农田氮磷流失控制、土壤污染防治与修复、水土流失防治与减灾等方面。

采取"边建设、边应用"的方式，我国高精度数字土壤自2003年向各行业共享和开放以来，已被我国60余家专业科研机构应用于耕地质量演变、流域氮磷流失量估算、环境容量测算、温室气体减排、医药、测绘等方面的

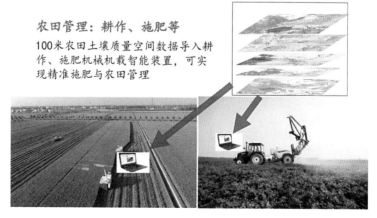

农田管理：耕作、施肥等
100米农田土壤质量空间数据导入耕作、施肥机械机载智能装置，可实现精准施肥与农田管理

图2-129　数字土壤应用（中国农业科学院　提供）

科学研究。全国31个省份的农业、环境、自然资源管理部门将其用于实施耕地保护与地力提升、面源污染防治、土地整治、测土配方施肥、基本农田建设等国家工程，取得了巨大社会和经济效益。

（二）北斗导航农机精度高

2020年6月23日，我国在西昌卫星发射中心，使用长征三号运载火箭，成功将第55颗北斗导航卫星送到预定的轨道，这是北斗三号组网部署的最后一颗卫星。至此，我国建成了覆盖全球的卫星导航系统。那么，北斗与精准农业有哪些融合呢？

首先，利用北斗提供的定位信息，农机在哪一目了然。其次，将北斗卫星导航定位与液压控制、电子控制、传感器技术相结合，进而实现农机作业的全程自动化。北斗农机自动驾驶导航技术和汽车无人驾驶技术类似，连接北斗的农机如同有了智能"大脑"，不用农机手驾驶，车辆能自动按制定好的路线行驶，精准作业。这不仅大大减少了作业重叠和遗漏，让农机作业更加精准，有效提高土地利用率和农资利用率；也降低对机手的驾驶技能要求，减轻劳动强度，有效提高田间作业的舒适度。

在新疆，北斗导航拖拉机自动驾驶系统利用北斗卫星的定位信号来设计车辆的行驶轨迹，在车辆作业过程

图2-130　北斗导航支持的小麦无人收获机正在收割
（南京农业大学　提供）

中，通过综合分析车辆的位置信息、姿态信息、航向角信息、传感器信息，控制液压系统或驱动电机，最终实现拖拉机按照设计路径行驶。北斗农机自动驾驶导航技术的应用有效缓解了新疆生产建设兵团高技能劳动力不足的问题。该技术不仅可以节约2/3的劳动力雇工成本，机手通过初步训练即可驾驶拖拉机开展棉花播种作业；还可以有效提高作业精度，棉花播种对行精度提高至 ±2.5 厘米，满足机采棉对交接行的精度要求。截至2020年春播，新疆生产建设兵团石河子垦区安装北斗农机自动驾驶导航终端3700余套，北斗农机自动驾驶导航技术逐步从小面积试验向大面积试验示范推广。

在黑龙江，土地面积大，靠人工驾驶农机车辆很难开成直线，这导致原本一块地能种10垄，但人工驾驶只能种出9垄甚至更少。应用北斗农机自动驾驶导航技术后，农机手不用一直自己操作车辆，并且无论白天还是晚上都能作业，可以实现不受天气影响、24小时不间断劳作。目前，该技术已经装载在黑龙江的各大农场、合作社的农机车辆上，实现了种子播撒的高精准度作业。

除了播种、起垄、覆膜，北斗农机自动驾驶导航技术的应用场景已经扩展到平地、施肥、喷药、中耕、收获等方面，大多数田间农机设施都可以装配上北斗导航系统，实现智能作业，大大降低人的劳动强度。

北斗农机自动驾驶导航技术不仅可以在北方大规模农业生产中运用自如，而且开始走向南方水田区的小地区作业。北斗农机自动驾驶导航技术在南方水田区的应用，主要体现在水稻插秧机上。装载有北斗导航系统的插秧机可以提高作业效率和作业质量。一亩地可以多插约5%的秧苗。另外，自动驾驶或无人驾驶一台水稻插秧机，可以大大节省人的工作量，降低至少一个人工的成本。

（三）"智慧果园"知天而作

有了"眼睛"和"双手"，一个无人农场还运作不起来，因为来自各方的数据信息相互交叉，有时还会彼此交叠、影响。面对复杂的农场实时动态，如何做出正确的反应，给智能设备发出正确的指令？

这就需要一个"智慧农业大脑"。

在成都市新都现代农业科技创新示范园内，数百名专家聚在一块刚刚收割小麦后平整的土地上，目不转睛地看着屏幕上的现场直播。

农情无人机起飞，电脑屏幕上实时显示它的飞行轨迹。当无人机的飞行轨迹逐渐覆盖整个目标地块后，在科研人员的"协助"下，"智慧农业大脑"开始根据无人机传回的数据解析地块信息，了解果园面积、地形，果树数量、位置、树冠大小、长势，以及杂草分布等生产信息。

从天上看到的信息还不够精确，每棵果树有多少果实，果实成熟度、大小、有没有病虫害等更加精细的信息该如何获取呢？这时候，"果园侦察兵"智能巡田机器人出动了，它能代替人类走进果园感受作物的细微变化。

智能设备收集的数据很快传递到"智慧农业大脑"——农业大数据挖掘与服务平台中。这个"智慧农业大脑"包括天空地一体化农情信息处理一体机、智慧

图2-131 "果园侦察兵"智能巡田机器人
（中国农业科学院　提供）

农业大数据挖掘与可视化系统、云边端一体化田间服务一体机，具有数据管理与可视化云边端协同计算的深度人工智能算力。它经过智能分析判断，向果园智能作业装备发出正确的操作指令，也就是"处方图"。

图2-132 移动式农业大数据挖掘与服务平台
（中国农业科学院 提供）

水肥一体化灌溉系统接收到处方图，就可以对水肥精准控制，按需智能化灌溉，省钱省时省力。

一台红色的无人喷药机器人根据处方图走起来了，在有病虫害发生的地方，它停下喷药，既可以提升农药利用效率，又能避免作业人员农药中毒情况发生。

在"智慧农业大脑"的指挥下，功率强大的无人除草机器人开动起米，

图2-133 智能水肥一体机可自动浇水施肥（李晨 摄）

图2-134 无人喷药机器人可实现智能喷药（李晨 摄）

就算是一棵小灌木挡在它面前，它也能毫不犹豫地碾压过去，迅速将其粉碎。在它身后，什么杂草也留不下。

这套农业大数据挖掘与服务平台来自中国农业科学院智慧农业创新团队。系统包括天空地农情信息时空数据库系统、物联网观测系统、农业大数据多维可视化系统、农情智能诊断与监测系统、智能装备对接与管理系统、智慧农业云平台等，能助力农业生产"知天而作"。

于是，"智慧果园"应运而生。它整合了农艺和农机装备、绿色植保技术、无人机、人工智能、大数据、物联网等技术；采用天空地一体化技术获取农情信息，实现农业信息的精准感知；使用地空一体化智能农机装备等协同作业，提高农业生产率；实现绿色生态农业生产的精准化种植、智能决策、可视化管理和智能化操控。

通过电脑或者手机程序，农民就能看到每一个田块的作物苗情、土壤养分和病虫害情况；播种或收割都无需人力完成，田间只留下机器忙碌的身影；收获的同时还可以获取产量和品质数据……种田成了一件非常简单的事情。

（四）牧场装上"智慧大脑"

除了智慧果园、无人农场，物联牧场也已经装上了"大脑"，成为智慧农业的一部分。

牛、猪、鸡、鸭、羊……我国畜禽种类多，饲养模式差异大，饲养水平参差不齐。这种状况导致畜牧业信息化面临一大难题，就是物联网等现代信息技术和畜牧产业深度融合难。同时，传感技术集成创新不足、畜禽无应激数据获取手段较少、缺乏多通量专用传感技术，导致了复杂环境下多特征联动感知难的问题。比如"雪花牛肉"好吃且价高，可要知道，提高肌间脂肪的沉积与肉牛维生素A的摄取密不可分。那么如何判定牛吃的维生素A多了还是少了呢？之前多采用抽取血清测量的侵入式诊断，但这种方法不仅成本高，而且易造成牛的应激反应，影响育肥。此外，畜禽精准饲喂模型算法较弱，畜禽智能化设备进口成本高，缺乏分析预测预警大数据平台，导致了畜禽养殖智慧化预警调控难的问题。鉴于以上种种，针对"吃什么、吃多少、何时吃"，就需要一个能形成养殖决策的"智慧大脑"。

在中国农业科学院农业物联网技术和服务创新团队看来，畜牧业信息化主要存在三大难题：在理论方法上缺乏畜牧物联网理论和国家认证支撑；在感知技术上缺乏畜禽"生态—生理—生长"系列智能信息采集关键技术；在智慧管控上缺乏畜禽养殖模型算法、智能设备和大数据决策平台。以上述三大问题为导向，该团队开展了畜禽养殖动态感知关键技术与智能装备创制及应用研究，并推出了一系列关键技术成果，包括5种畜禽的多维立体信息感知方法，22项关键技术。他们建成的国家级农业物联网科技创新、仿真测试与综合服务平台包括3个子平台、14个系统、66台套核心设备，填补了该领域国内空白。例如，他们研制出一种畜禽"生态—生理—生长"专用传感技术，可以多维立体感知畜禽的生长状态，突破了"感知难"的问题。又如，他们发明了检测生理健康的奶牛电子项圈、电子药丸、肉牛维生素A缺乏非侵入式诊断等28项传

图2-135　科研人员在肉牛养殖基地安装养殖环境监测设备（中国农业科学院　提供）

感技术，实现了生理健康变量的数字化表达。物联牧场也有了"智慧大脑"。

目前，物联牧场的成果已在山东、北京、海南等31个省份推广应用，涵盖奶牛、肉牛、生猪、蛋鸡、肉鸡等5种主要畜禽。该成果使不同畜种饲料转化率提高8%～10%，死淘率降低5%～10%，用工减少15%～20%，能耗降低12%～15%，生产用水节约4%～9%。

2020年，农业农村部、中共中央网络安全和信息化委员会办公室联合印发了《数字农业农村发展规划（2020—2025）》。这是对推进数字农业农村发展作出的顶层设计和系统谋划，对推动信息技术与农业农村全面深度融合、引领驱动乡村振兴具有重要意义。按照该规划部署，我国农业将在2025年经历科技转型；2035年农业生产将全面实现数字化；2050年农业信息化将渗透到农业全过程、全要素、全系统，实现乡村全面振兴。

智慧农业与现代生物技术、农艺技术等高新技术的融合，对我国赶超发达国家，建设世界水平农业具有重要意义。从中国特色社会主义发展阶段看，智慧农业是数字中国、智慧社会的重要基础；智慧农业融合了农耕社会、工业社会和信息社会的特质而成为第六产业，是中国农业与乡村振兴战略的推手。

智慧农业

第三篇
农业科技未来发展趋势

　　展望未来，随着5G、云计算、大数据时代的到来，以及生物技术、信息技术等领域的革命性突破，农业科技必将迎来百年未有之大变局，随之发生革命性巨变，不断推动农业转型升级，进入未来农业新时代。

西北农林科技大学未来农业研究院规划图（西北农林科技大学未来农业研究院　提供）

（一）改变育种"游戏规则"

自从作物被驯化以来，培育集高产、优质、抗性强等性状为一体的作物新品种，一直是育种家的梦想。作物育种可分为四个时代：1.0时代是农家育种，2.0时代是杂交育种，3.0时代是以分子标记、转基因、基因编辑等技术为特征的分子育种，4.0时代是"生物技术＋人工智能＋大数据信息技术"为特征的智能设计育种。目前，发达国家已进入育种4.0时代，而我国还处于2.0至3.0时代之间。如何实现我国种业的跨越式发展与"弯道超车"，亟须开拓人工智能等颠覆性技术应用于种业，进而推动现代生物育种科技革命。

与现有技术相比，人工智能具有更强大的数据挖掘能力，目前已用于药物分子筛选、蛋白质改造、疾病诊治等领域，但在生物育种中的应用才初露锋芒。如何借助人工智能之力，实现生物育种的智能设计与创制，已成为种业人攀登的科技高峰。

在谈人工智能技术之前，不得不先提一下基因编辑与合成生物学这两大革命性技术。

基因编辑，又称基因组编辑，是一种新兴的比较精准的能对生物体基因组特定目标基因进行修饰的一种基因工程技术，在基因研究、基因治疗和遗传改良等方面展示出了巨大的潜力。

植物基因的靶向修饰是基因编辑应用最广泛的领域。既可以通过修饰内源基因设计所需的农艺性状，也可以产生耐除草剂作物。我国率先建立植物单碱基编辑技术，在小麦中实现了CRISPR/Cas9介导的定点编辑，创制了玉米雄性核不育系与保持系、无融合生殖杂种固定水稻等具有重要育种价值的材料。

在动物领域，可以基于胚胎干细胞，利用基因组编辑技术实现家猪育种的精准设计。动物胚胎干细胞是由胚胎发育到囊胚期内细胞团分离建系得到，可以自我复制，在体外培养状态下可以无限传代，具有较高的接受外源基因和单个细胞扩增的能力。未来可以对胚胎干细胞进行基因改造，修改干细胞基因组，将干细胞作为供体细胞，再利用体细胞核移植技术，获得人类疾病的动物模型，或者培育抗病新品种。

合成生物学基于生物、化学、物理、计算、工程等多学科交叉，对生物体以工程化的方式重新设计甚至是从头合成，将克服自然进化的局限，创造超越自然生命能力的合成生物，不仅对探索生命活动基本规律具有重要科学意义，也在工农业生产、环境保护、健康保健等领域具有巨大应用前景。未来，可以用来量化已知的生物过程，改造现在的植物信号或代谢通路，带来产量、抗逆和品质改良方面的突破性进展。

随着"基因编辑"与"合成生物学"这两大"智能创制"法宝被人类发明后，一个关键问题就迎面而来。在基因组的哪些位点进行编辑？合成哪些具有优异功能的生物元件？这就需要智能设计。需要一个强大的算法，能精准预测出哪些基因控制哪些性状。

作为人工智能技术的前沿，人工神经网络毋庸置疑是解决这一问题的"鬼斧神工"。该技术突破了人的经验，为基因编辑和合成生物学分别装上了"大脑"和"眼睛"，未来将推进育种从"经验育种"到"精确育种"的转变。未来可以通过人工神经网络算法，精准设计自然界不存在的有利等位变异，然后通过基因编辑导入待改良的作物基因组，或者通过合成生物学直接合成出目标生物元件，进而实现作物优异性状改良。

可以说，"人工智能＋基因编辑"的交叉融合或者"人工智能＋合成生物学"的交叉融合，能大幅缩短品种改良时间，可以将原来需要的10年时间缩短到1年半。未来，基于人工智能的智能设计与创制，将为作物新种质创制及生物育种带来颠覆性技术变革，将毫无疑问地改变育种"游戏规则"。

（二）驱动农业生产智能化

农业种植将更加智能化。在获取全面的农业土壤数据基础上，利用农业辅助系统对土壤质地、有机质含量、养分含量进行高效精准分析，大数据和云计算技术能够将每一块农业田地土壤的水分、湿度、温度、地理位置以及其他相关数据上传至互联网云端，利用服务器集群进行分析处理，使农机实现自主智能化作业，实施精细化生产。今后温室大棚将更多是采取智能化和温室环境因子控制的垂直种植智能大棚，自动巡回测试并记录温室内的二氧化碳浓度、光照、土壤含水量、温湿度等重要参数分布及变化，为作物生长提供最佳方案。

水肥一体化智能灌溉设备高度普及。今后的农业种植，还能通过大数据分析对农产品产量和质量进行预测，分析市场供需关系，形成智能化的种植计划，以销定产，建立全新的种植决策体系。

畜牧业的农场动物饲养和监测技术将进一步提高，今后的牧场将是基于5G或6G的智能养殖和管理方式。

图3-1 南京农业大学研究人员在白马教学实验基地进行作物表型研究（王爽 提供）

比如，通过卫星图像识别结合深度学习快速高效发现和鉴别规模型畜牧农场，空间移动多光谱技术实现农场特征化表达、精确估计农场生物量，通过禽类音频识别结合深度学习算法确定禽类健康状况，采用5G智能项圈实时监控奶牛健康，基于面部识别的猪和牛的个体健康状况监测，基于RFID技术的畜类追溯管理系统等；泛在传感器技术推动物联网发展，实时采集作物、牲畜、水、气象、农场等数据，形成数据采集、分析、监测和管理的全流程先进牧场管理技术和工具，实现智能化饲料检测和精准饲喂、智能环境控制。在动物疫病防治方面，基于动物健康数据资源整合和大数据分析，将实现早期发现新出现和引入的疾病，从而高效监测动物健康趋势并评估风险。

现代农机装备趋向复合式、高性能和智能化。中国北斗农机智能管理终端加快了农业机械智能化发展，农业无人机、无人驾驶拖拉机、智能收获机、智能除草机、挤奶机器人、农业自动化与控制系统等产业化发展将走进农业的天空、地面、水下。智能农业机器人在未来农业将扮演着重要角色。智能农业机器人集机械电子、人工智能、云计算、大数据于一身，将决策、控制、作业等生产过程自动化、智能化、标准化，促进农业现代化，最终实现农业全程自动化。不仅带动产业升级，也将极大改善农民生产生活空间，同时缓解劳动力短缺问题。尤其是无人驾驶拖拉机、采摘机器人、播种机器人、挤奶机器人和农业无人机将广泛且深入到农业种植和养殖领域，土壤与作物感应器（传感器）、家畜生物识别、农业机器人等技术进入生产实际后，将颠覆传统农业生产方式。采摘机器人利用农业大数据能够实现实时采集并精准定位采摘对象，还能对采集到的数据进行准确研判和高效处理，在降低劳动强度的同时提高生产效率。柔性技术的发展，使得采摘机器人可以胜任苹果、柑橘、番茄、黄瓜、草莓、蘑菇等多种果蔬的高效无损采摘。播种机器人利用农业大数据技术可获取土壤信息并计算最优化的播种密度和深度，从而实现高效播种。

（三）加速生产经营模式演变

农业大数据平台将成为农业流通和管理的核心，高效整合现有土地、育种、耕作、施肥、收割、储存、运输、农产品加工、销售、售后等涉农信息。农业大数据采集涉及农作物生产、加工和销售等各环节，建立立体、交融、便捷的农业大数据采集网络，将互联网和信息化技术全面结合，创造出以互联网平台为基础的新型农业模式。

农业大数据分析平台包括大数据的采集、整理、存储三方面。数据采集依靠传感设备，收集基础生长信息、环境信息和人为干预造成的影响，如温度传感器、光照传感器、土壤养分测试仪、反射光谱接收仪等；农作物成熟后涉及产品加工和物流仓储，利用 GPS、摄像机监控、气体传感器等设备进行跟踪和实时监控；产品销售利用智能终端与物联网进行市场信息管理和获取，及时得到各种经济、资源信息。大数据技术在农业价值链中提供存储、管理和挖掘海量数据的能力，并在农业生产加工、存储运输、销售等产业链的每个环节提供智能决策，提高了智慧化农业的协调能力与控制能力。通过农业大数据的应用，不仅能够加强消费者与种植者的沟通联系，还能增加农民收入，增强农业企业竞争力，保证农业标准化生产制度的推进。

利用卫星观测的农业遥感监测与灾害管理和预警将成为主要的农业智能监测手段。利用遥感等信息技术对农业生产信息，如作物面积、长势和产量、农业自然灾害、农业生态资源等，进行远程监测和综合评价，辅助农业生产决策。利用无人机平台的高光谱遥感对农作物养分信息进行精确的感知，提升农业遥感的观测精度，降低观测成本。采集农作物生长环境中各项数据，把数据放到本地或云端数据中心，从而对农业生产的历史数据和实时监控数据进行分析，提高对作物种植面积、生产进度、农产品产量、天气、气温、灾害强度、土壤湿度的关联监测能力，感知农作物的生产，为确定适合的施肥量及实施方式提供科学依据，从而有效进行监控。

未来，北斗卫星将会发挥更广泛的作用，遥感技术

图3-2　小麦赤霉病预报器
(西北农林科技大学植物保护学院　提供)

将进一步发展提高，传感器分辨率提高、新型传感器的应用，遥感影像数据量急剧增加，空间维度、时间维度、光谱维度等不断增加，利用大数据分析处理技术，在天地网一体化农业监测系统中，利用多源多类数据智能融合与分析、定量化反演以及网络化集成与共享，实现全局数据发现与跨学科的数据集成和互操作，为农业遥感信息深入分析提供支撑。

物联网已应用到农业播种、种植生产、灌溉收割、运输以及农产品加工和经销等环节。农业物联网将采集的风向、土壤湿度、酸碱度、温度等数据通过无线传输模块实时发送至云平台或本地主机进行数据清洗集成转换和

存储显示。本地主机通过对环境数据分析处理，优化决策。我国农业物联网产业化发展在核心技术研发、行业相关规范以及应用上，形成了完善的农业产业链，将会推动农业信息化的发展，实现农业生产管理的科学化，提高智能监管效率，解放人力。未来农业物联网的发展，将建设统一的应用标准体系，加强研发关键性设备以及核心理论，促进并完善农业物联网的商业应用，培养更多专业人才。

农业电商平台利用大数据技术，将会获取多维客户信息，准确定位目标用户群体，提高用户转化率。电商平台包括资讯服务和交易平台两大类。农产品电商与农产品期货市场联系紧密，农产品电子期货是美国农产品电商未来发展的重要模式之一。美国政府大量投资农产品物流技术的建设、农民电子商务培训等，促进农民积极参与电商交易。我国在2015年正式发布《关于促进农村电子商务加快发展的指导意见》使中国农村电商战略升至国家层面。目前，农村电商已经形成了农产品电商、农资电商、综合平台电商、网络品牌电商、生鲜电商、信息服务类电商、农业众筹类以及支撑链的产业布局。电子商务未来在农产品价值链上的发展，将在巩固原有数据采集基础上，开展电子商务、期货交易、电子拍卖、批发市场电子结算等数据的监测分析，加强农产品加工数据采集体系建设，加大消费端数据采集力度，建立覆盖全产业链的数据监测体系，促进农产品产销精准对接。

（四）引领餐桌新风尚

3D生物打印技术是以生命科学、材料科学、制造科学交叉融合的新兴学科，3D生物打印技术将生物材料或细胞按仿生形态、生物体功能等要求，打印出同时具有复杂结构与功能的生物三维结构、再生医学模型等生物医学产品。农业3D打印技术的研发应用主要集中在工程学的农业机具等生产装备的研发、食品加工制造领域以及生物育种。3D生物打印技术直接打印活体细胞，将其孵育、生长、分化，以获得真正的牛排质地，实现类似于在组织中自然生成血管，营养物质可通过血管在较厚的组织中灌注，从而使人造牛排具有与自然牛排相似的形状和结构。甚至可以根据消费者特定的喜好量身定制人造肉，调节脂肪含量以及控制其结缔组织结构。未来食品级细胞生长因子的研发将有效降低替代蛋白成本，并进入人们的餐桌，通过细胞培养肉更具有肉类的风味和质地，且更具可持续性和卫生。未来的发展将继续发展到4D打印，通过硬件与软件的紧密结合，把产品设计通过打印机嵌入可以变形的智能材料中，在特定时间或激活条件下，无需人为干预，便可按照事先设计进行自我组装，颠覆传统造物方式。

（五）助力农业颠覆性变革

未来，生物基材料、农业纳米材料、农业生物质能源等将被广泛使用在农业领域，带来全新的变革。

生物基材料是利用可再生生物质原料，包括农作物、树木、其他植物等，通过生物、化学、物理等方法制造的新型材料，包括生物塑料、热固性树脂材料、木塑复合材料等。生物基材料的主要功能是最大限度地替代石油基塑料、钢材、水泥等矿产资源，具有绿色环保、环境友好、原材料可再生、可生物降解等特性。未来通过科研攻关，突破一批生物基材料绿色制造关键技术，可以加快培育一个战略性新兴产业，必将对促进我国石油化工材料转型升级、推动绿色经济发展具有重大意义。

跟农业有关的纳米科技分支有纳米显微技术、纳米自组装技术、纳米影像学技术、纳米分析技术，主要应用有传感器、农业投入品、食品加工以及生物工业等领域。纳米科技与农业结合最密切的领域是纳米剂型化农业化学投入品，包括肥料、农药、兽药、饲料等。如纳米肥料，依据作物吸收模式利用肥料载体控制肥料养分释放速度，提高氮肥等速溶性肥料的养分吸收率，改善难溶性磷肥与矿物微肥在土壤中的溶解度与分散性。纳米农药是利用纳米技术控制农药释放速度和改善其分散性。在食品加工领域，纳米技术可以用来改善功能食品、健康食品和强化食品的营养价值、风味、质地和口感。另外，把纳米食材粒度化，一些不是很稳定的蛋白和生物活性物质用纳米微胶囊装载起来，可以促进体内的营养吸收和生物利用率，改善生物活性。

生物资源是地球上再生资源的核心组成部分，是维系人类经济社会可持续发展的重要保障，主要包括：第一代，以玉米、小麦等农作物生产乙醇，采用发酵工艺；第二代，用玉米的茎叶根和木质等纤维素原料生产酒精；第三代，以原料海藻、地沟油制造出生物柴油等燃料。目前，世界上技术较为成熟的生物质能利用方式，主要包括生物质发电、液体燃料和生物质燃气等。

据专家预测，到2035年，我国非化石能源在能源消费中的比例将提高到25%。未来生物能源将在经济社会发展中扮演重要角色，因此，智慧生物能源系统将成为一个发展方向。智慧生物能源系统是学科高度交叉、产业高度融合的技术体系，可形成基于大数据、云技术和北斗系统的信息产业，包含生物能源、生态环境治理等，按照能源、农业、环保"三位一体"的要求，创造绿水青山、生态文明的新生活。

（六）催生新业态不断涌现

农业科技的另外一个发展方向是多功能农业。农业的多种功能可以归纳为保证粮食安全、提供工业原料、促进社会稳定、维持乡村景观、生态环境保护和休闲文化教育等。这些多功能必将牵引相应的农业科技从传统的种植业、养殖业和加工业中跳出来，扩展农业科技发展空间，催生农业科技跃上新台阶。

在电子商务发展的推动下，今后众筹农业、定制农业等基于互联网的新业态，共享农业、云农场等网络经营模式都将得到广泛发展。智慧休闲农业、旅游休闲乡村、都市农业、田园风光、垂直农业等新业态都将成为智慧乡村的一个重要发展体现，结合互联网和人工智能等技术，沉浸式田园风光休闲体验将打开全新的旅游视角。

随着全球气候变化，以及人口、环境、资源压力等，人类社会发展对农业科技提出了更高的要求，农业科技又将迎来一次千载难逢的历史机遇。农业不再停留在为人类提供粮食、肉类、蔬菜等原料方面，农业科技还必须为应对气候变化、保护环境以及解决资源，实现绿色发展提供强力支撑。农业科技也必将在服务经济社会过程中突飞猛进，加速创新。

参考文献

车军社, 2009. 张克威与太行抗日根据地的科技兴农运动[J]. 黑龙江史志, 24.

陈强强, 王大明, 2018. 延安自然科学院农林科技实践论略[J]. 农业考古, 3.

范建, 1999. 未写完的日记：记中国工程院院士辛德惠[N]. 科技日报, 08-31(2).

韩长赋, 2019. 新中国农业发展70年科学技术卷[M]. 北京: 中国农业出版社.

金娟, 2015. 让花生"出土"不再难[N]. 农民日报, 10-15.

康毅夫, 夏春华, 2012. 苍龙日暮还行雨 老树春深更著花：记世界第一台水稻插秧机发明
  人蒋耀[J]. 中国农机化导报.

刘旭, 2019. 四十年改革开放 几代人梦想成真[J]. 中国种业, 1:1~6.

李长友, 林矫矫, 2008. 农业血防五十年[M]. 北京: 中国农业科学技术出版社.

邱馨, 赵景色, 1986. 党在抗日根据地发展农业科学技术的政策[J]. 中国农史, 2.

石元春, 2013. 战役记：纪念黄淮海科技战役40周年[M]. 北京: 中国农业大学出版社.

宋晓霞, 许予永, 孙中杰, 2020. 长歌未竟东方红：中国一拖倾力打造"东方红"品牌纪实
  [N]. 中国质量报, 05-12.

石耘, 2016. "东方红"拖拉机的故事[N]. 人民政协报, 03-24 .

谭光万, 郑殿生, 刘旭. 2017. 种质资源总是情 董玉琛传[M]. 北京: 中国科学技术出版社.

万立明, 2004. 抗日根据地农业科技发展的特点[J]. 南都学坛: 南阳师范学院人文社会科学

学报,2 .

赵久龙, 2020. 用最好的技术种出最好的粮食[N]. 经济参考报, 08-03.

"中国工程科技2035发展战略研究"项目组, 2019. 中国工程科技2035发展战略, 农业领域
    报告[M]. 北京: 科学出版社.

中国农业科学院办公室, 2012. 中国农业科学院年鉴[M]. 北京: 中国农业科学技术出版社.

中国农业机械化协会, 2019. 40年我们这样走过: "纪念农机化改革开放40周年"征文优
    秀作品集[M]. 北京: 中国农业出版社.

中国农业科学院, 2017. 农科英才[M]. 北京: 中国农业科学技术出版社.

图书在版编目（CIP）数据

中国科技之路. 农业卷. 农为邦本/中国编辑学会组编；张福锁本卷主编. —北京：中国农业出版社，2021.6

ISBN 978-7-109-28279-7

Ⅰ.①中⋯　Ⅱ.①中⋯②张⋯　Ⅲ.①技术史-中国-现代②农业技术-技术史-中国-现代　Ⅳ.①N092②S-092

中国版本图书馆CIP数据核字（2021）第095806号

内 容 提 要

本书以全面展示我国重大科技成果、普及科技知识和弘扬科学精神为定位，选取能代表中国农业科技最高水平的重大成果，在确保科学性、准确性的前提下，采用科普性、故事性的写作手法，并以文、图、视频相结合的多媒体呈现形式，突出"三农"是国家根基的中国特色，生动展示了中国共产党成立100年来我国农业科技发展的光辉成就和宝贵经验，呈现科技工作者百折不挠、接力奋斗、砥砺前行的精神气概，激励广大科技工作者投身民族复兴的发展大业。

中国科技之路 农业卷 农为邦本
ZHONGGUO KEJI ZHI LU NONGYE JUAN NONGWEIBANGBEN

◆ 组　　编　中国编辑学会
本卷主编　张福锁
策划编辑　胡乐鸣　苑　荣
责任编辑　颜景辰　张丽四　贾　彬　刘晓婧
责任印制　王　宏　责任校对　吴丽婷
◆ 中国农业出版社出版发行　　北京市朝阳区麦子店街18号楼
邮编：100125　网址：http://www.ccap.com.cn
北京盛通印刷股份有限公司印刷
◆ 开本：720×1000　1/16
印张：17　　　　　　　　　2021年6月第1版
字数：215千字　　　　　　2021年6月北京第1次印刷

定价：100.00元

读者服务热线：(010) 59195115　**印装质量热线：**(010) 59194991
反盗版热线：(010) 59194261